喝自己做的更健康

豆浆
果蔬汁 制作大全

雷莉　于倩◎编著

天津出版传媒集团
天津科学技术出版社

图书在版编目（CIP）数据

豆浆果蔬汁制作大全 / 雷莉，于倩编著 . -- 天津 ：
天津科学技术出版社，2024. 10. -- ISBN 978-7-5742
-2495-7

Ⅰ．TS214. 2；TS275. 5

中国国家版本馆 CIP 数据核字第 2024QD5544 号

豆浆果蔬汁制作大全

DOUJIANG GUOSHUZHI ZHIZUO DAQUAN

责任编辑：吴文博

责任印制：兰　毅

出　　版： 天津出版传媒集团
天津科学技术出版社

地　　址：天津市和平区西康路 35 号

邮　　编：300051

电　　话：（022）23332377（编辑部）

网　　址：www. tjkjcbs. com. cn

发　　行：新华书店经销

印　　刷：北京君达艺彩科技发展有限公司

开本 710×1000　1/16　印张 11　字数 150 千

2024 年 10 月第 1 版第 1 次印刷

定价：59. 80 元

在现代快节奏的生活中，健康饮食的重要性日益凸显。它不仅关系到个体的身体健康，还与心理健康、工作效率以及整体生活质量密切相关。随着健康知识的普及，越来越多的人开始重视饮食健康，以前奶茶、咖啡深受大众喜爱，现在纯天然、无添加的自制饮品越来越受到青睐，比如自制豆浆、果蔬汁等。

豆浆一直是一种深受人们喜爱的饮品，据《本草纲目》记载："豆浆利水下气，制诸风热，解诸毒"；中国传统医学认为：春秋饮豆浆，滋阴润燥；夏饮豆浆，解渴防暑；冬饮豆浆，滋补祛寒。果蔬汁是维生素和矿物质的良好来源，其中维生素C、维生素A和其他抗氧化剂可以增强免疫系统功能，提高身体对抗感染和疾病的能力。所以，适量饮用果蔬汁能为身体提供丰富的营养，有助于增强免疫力、改善消化和心血管健康、提高能量和水分摄入，对总体健康非常有益。

为了满足大家对健康饮品的需求，《豆浆果蔬汁制作大全》这本书应运而生，无论你是豆浆的爱好者，还是果蔬汁的追随者，这本书都能满足你的需求。书中包含了各种豆浆和果蔬汁的制作方法，从经典的原味豆浆到创新的果蔬混合汁，你总能找到适合自己口味的饮品。健康饮品不仅要美味，更要营养均衡。本书特别注重食材的搭配，通过科学的配比，每一杯饮品都富含多种营养成分，满足身体的各种需求。

很多人担心自己没有制作经验，其实完全不必担心。这本书中的每个配方都详细描述了制作步骤，并配有图片说明，手把手教你制作出营养均衡、美味可口的豆浆和果蔬汁。不论你是厨房新手还是经验丰富的美食爱好者，都能轻松上手。

《豆浆果蔬汁制作大全》不仅教你如何制作美味的豆浆和果蔬汁，更是一本让你了解健康养生知识的宝库。书中深入浅出地介绍了各种食材的营养价值及其对健康的益处，让你在制作饮品的同时，也能学到丰富的养生知识。你会了解为什么某些食材的组合能带来更好的健康效果，如何根据不同的健康需求选择合适的饮品，等等。

在忙碌的生活中，不妨停下来，给自己和家人制作一杯健康的豆浆或果蔬汁。让《豆浆果蔬汁制作大全》成为你的健康助手，不仅为你提供美味的饮品配方，更为你带来丰富的健康知识。通过这本书，你将发现，健康饮品的制作其实并不复杂，只需一点点时间和耐心，就能为自己和家人的健康加分。

豆浆DIY的方法与步骤

随着健康观念的不断深入，现在很多家庭都不再满足于去买那些现成的豆浆，而是购买一台豆浆机，自己在家做，既营养健康，又卫生方便。现在我就给大家说一下自己在家做豆浆的方法与基本步骤。

Step1 选豆

要想做出美味营养的豆浆，选豆这一步是必不可少的。优质大豆要从以下几个方面选择。一是色泽，所选的大豆要鲜艳有光泽，色泽暗淡的是劣质大豆。二是质地，要颗粒饱满、整齐均匀，没有破瓣、缺损、虫害、霉变等情况的大豆。三是香味，优质大豆具有正常的香气，酸味或者霉味表明质量不好。

Step2 泡豆

豆子应当如何泡、泡多久、什么温度泡比较好呢？通常，室温20℃~25℃下浸泡10小时就可以让

一般来说，在冰箱内4℃温度下泡豆10小时大约相当于室温浸泡8小时的效果，也就是说要达到常温12小时的效果，需要在冰箱泡15小时。

大豆充分吸水。在夏天温度较高的时候，室温泡10小时以上可能带来细菌过度繁殖的问题，会让豆浆的风味变差，建议放在冰箱里面泡豆。

Step3 榨浆

将泡好的大豆倒入豆浆机中，加水后选择相对应的功能键启动即可。在制作豆浆期间需要注意的是，豆浆机工作过程中不要断电或者把机头提起，否则豆浆机断电后又得重新开始。

Step4 清洗

清洗豆浆机是很重要的，一旦清洗不干净，就可能滋生细菌，喝了这样的豆浆机做出来的豆浆，对人的身体非常不好；还有就是豆浆机不清洗干净，极易造成糊管现象，久而久之会直接影响到豆浆机的使用寿命。

Step5.保存

做好的豆浆最好一次性喝完，如果有剩余的豆浆，可以将其密封起来放入冰箱保存，再喝的时候切记要把豆浆煮沸。另外，豆浆在冰箱里的储存时间也不宜过长，以24小时内为佳，最长不能超过3天，否则会变质。

目录
CONTENTS

Chaper 2 美味健康豆浆

Chaper **3** 温馨家庭豆浆

Chaper **4** 水果汁

Chaper **5** 蔬菜汁

Chaper **6** 果蔬汁

营养
美味豆浆

原味黄豆豆浆 [抗氧化]

材料 黄豆4/5量杯，水适量，白糖半匙。

做法 1 黄豆浸泡大约10小时，洗净沥干。

2 将泡好的黄豆放入豆浆机中，加入适量清水，按下启动键。

3 将打好的豆浆过滤，加入白糖饮用即可。

营养解析

黄豆中含有丰富的蛋白质，具有补虚、降压的功效；其含有的大豆异黄酮、大豆卵磷脂、大豆低聚糖起到抗氧化、调节激素平衡、促进肠道蠕动等效果。

温馨饮用

饮用黄豆豆浆时，不宜用红糖代替白糖饮用，因为红糖中的有机酸会和豆浆里的蛋白酶结合，破坏豆浆的营养。

原味绿豆豆浆 |清热解毒+利尿消肿|

材料 | 绿豆4/5量杯, 水适量, 白糖半匙。

做法 | 1 绿豆浸泡大约6小时, 洗净沥干。

2 将泡好的绿豆放入豆浆机中, 加入适量清水, 按下启动键。

3 将打好的豆浆过滤, 加入白糖饮用即可。

营养解析

　　绿豆味甘性凉, 含有丰富的蛋白质、无机盐及多种维生素, 具有清热解毒、利尿消肿的功效。此外, 它还可以缓解大便干燥、咽喉肿痛等病症, 具有良好的去火作用。

温馨饮用

豆浆本身属于寒性食物, 而绿豆更是寒中之寒, 所以寒虚体质患者和肠胃功能不好的人不宜饮用此款豆浆。

原味黑豆豆浆 | 抗衰老+益肝补肾 |

材料 | 黑豆4/5量杯，水适量，白糖半匙。

做法 |
1 黑豆浸泡大约10小时，洗净沥干。

2 将泡好的黑豆放入豆浆机中，加入适量清水，按下启动键。

3 将打好的豆浆过滤，加入白糖饮用即可。

温馨饮用

黑豆温补效应比较强，儿童不易消化吸收，所以此款豆浆不适合幼儿饮用。

营养解析

黑豆中含有丰富的蛋白质和不饱和脂肪酸，具有软化血管、滋润皮肤、抗衰老的作用，特别是对高血压、心脏病等患者有益。此外，黑豆还具有清热解毒、活血明目、益肝补肾的功效。

原味红豆豆浆 |通便利尿+益气养血|

材料 | 红豆4/5量杯, 水适量, 白糖半匙。

做法 | 1 红豆浸泡大约6小时, 洗净沥干。

2 将泡好的红豆放入豆浆机中, 加入适量清水, 按下启动键。

3 将打好的豆浆过滤, 加入白糖饮用即可。

温馨饮用

红豆豆浆具有利尿的作用, 所以在选择与其搭配的食物时, 尽量不要选择咸味比较重的食物, 因钠盐的成分太高会降低它的利尿作用。

营养解析

红豆豆浆有较多的膳食纤维, 具有通便利尿、降血压、降血脂、解毒的作用; 红豆中含有丰富的蛋白质和铁元素, 可以益气养血, 增强人体免疫力, 预防缺铁性贫血。

原味豇豆豆浆 |健脾补肾+止渴利便|

材料 | 豇豆4/5量杯, 水适量, 白糖半匙。

做法
1 豇豆浸泡大约10小时, 洗净沥干。

2 将泡好的豇豆放入豆浆机中, 加入适量清水, 按下启动键。

3 将打好的豆浆过滤, 加入白糖饮用即可。

温馨饮用

过量服用豇豆容易产生胀气, 所以气滞便结者不宜饮用此款豆浆, 否则会使病情加重。

营养解析

　　豇豆味道干涩, 含有大量淀粉、蛋白质以及维生素, 具有健脾补肾、止渴利便、调颜养身、助消化的功效。

原味青豆豆浆

| 预防脂肪肝 |

材料 青豆4/5量杯,水适量,白糖半匙。

做法 1 青豆浸泡大约10小时,洗净沥干。

2 将泡好的青豆放入豆浆机中,加入适量清水,按下启动键。

3 将打好的豆浆过滤,加入白糖饮用即可。

营养解析

　　青豆富含不饱和脂肪酸和大豆磷脂,有保持血管弹性、健脑和预防脂肪肝形成的作用。青豆富含B族维生素、叶酸、铜、锌、镁等,可预防心血管疾病。

温馨饮用

青豆含有多种抗癌成分,例如皂角苷、钼、硒等,所以这款豆浆非常适合前列腺癌、皮肤癌、肠癌、食道癌等癌症患者食用。

大米豆浆 |补脾养胃+补血养气|

材料 | 黄豆和大米各4/5量杯,红枣5颗,水适量。

做法

1 黄豆浸泡大约10小时,洗净沥干;大米用水淘干净;红枣去核洗净,切成小块。

2 将泡好的黄豆、大米和红枣放入豆浆机中,加入适量清水,按下启动键。

3 将打好的豆浆过滤后即可饮用。

营养解析

大米是稻谷经多道工序加工而成,富含丰富的蛋白质和纤维素,具有补脾养胃、止渴、止泻的功效;而红枣含有多种维生素及矿物质,更具有健脾益胃、补血养气的功效。

温馨饮用

红枣具有缓解药性的作用,所以正在服用药物的人尽量不要饮用此款豆浆,更不能拿此豆浆服药。

玉米豆浆

|清湿热+利肝胆+延缓衰老|

材料 | 黄豆3/10量杯, 玉米粒3/5量杯, 白糖半匙, 水适量。

做法 | 1 黄豆浸泡大约10小时, 洗净沥干; 玉米粒洗干净。

2 将泡好的黄豆、玉米粒放入豆浆机中, 加入适量清水, 按下启动键。

3 将打好的豆浆过滤, 加入白糖饮用即可。

营养解析

玉米含有丰富的蛋白质和纤维素, 不饱和脂肪酸中亚硝酸的含量更是达到了60%, 是谷类植物中含量最高的, 并具有清湿热、利肝胆、延缓衰老的作用。

温馨饮用

玉米属于粗粮, 纤维含量较高, 对消化系统的负担较大, 过多摄入玉米可能会引起胀气、腹胀、腹泻等不适症状。

燕麦豆浆 |降糖+降脂+减肥+美容|

材料 | 黄豆和燕麦各2/5量杯, 白糖半匙, 水适量。

做法

1 黄豆浸泡大约10小时, 洗净沥干; 燕麦用水清洗干净。

2 将泡好的黄豆、燕麦放入豆浆机中, 加入适量清水, 按下启动键。

3 将打好的豆浆过滤, 加入白糖饮用即可。

营养解析

　　燕麦含有粗蛋白质15.6%, 微量元素和维生素含量也不低, 还富含人类所需的8种氨基酸, 具有降糖、降脂、减肥、美容等功效。

温馨饮用

这款豆浆适合每个年龄段的人群饮用, 还可促进胎儿发育; 增强儿童智力; 有效去除青少年粉刺、青春痘; 给上班族解压、缓解疲劳; 助女性瘦身美容; 使老年人降脂通便。

小麦豆浆 | 养心安神+除热益气 |

材料 | 黄豆和小麦仁2/5量杯，水适量，白糖半匙。

做法 | 1 黄豆浸泡大约10小时，洗净沥干；小麦仁用水淘干净。

2 将泡好的黄豆、小麦仁放入豆浆机中，加入适量清水，按下启动键。

3 将打好的豆浆过滤，加入适量白糖饮用即可。

温馨饮用

此款豆浆性凉，脾胃虚寒或者肠胃不好的人不宜饮用，否则会使虚寒情况加重。

营养解析

　　小麦富含蛋白质、膳食纤维及各种微量元素，具有养心安神、除热益气的功效，对于心神不宁、失眠、盗汗等病症有很好的调节作用。

小米豆浆 | 补肾健脾+养颜护肤 |

材料 | 黄豆和小米各2/5量杯,白糖半匙,水适量。

做法 | 1 黄豆浸泡大约10小时,洗净沥干;小米用水淘干净。

2 将泡好的黄豆、小米放入豆浆机中,加入适量清水,按下启动键。

3 将打好的豆浆过滤,加入白糖饮用即可。

营养解析

　　小米含有丰富的蛋白质、糖类物质以及多种矿物质,具有补肾健脾、除热解毒、滋阴壮阳、养颜护肤的功效。

温馨饮用

女性非常适合饮用此款豆浆,因小米中所含的锌能够使女性月经正常,所怀胎儿正常生长、不畸形;它所含的铜能减少孕期妇女早产的可能性;所含的碘能维持妊娠期妇女甲状腺功能正常,避免胎儿智力低下或者发育迟缓;它还可用于妇女产后补虚调养。

荞麦豆浆 |止咳平喘+消积健胃+调脂降糖|

材料 | 黄豆和荞麦米各2/5量杯,水适量,白糖半匙。

做法 |
1 黄豆浸泡大约10小时,洗净沥干;荞麦米用水淘干净。

2 将泡好的黄豆、荞麦米放入豆浆机中,加入适量清水,按下启动键。

3 将打好的豆浆过滤,饮用即可。

温馨饮用

少数人食用荞麦会引起皮肤瘙痒、头晕等过敏反应,所以有过敏体质的人群慎饮此款豆浆。

营养解析

荞麦营养丰富,包含高质量的蛋白质、优质的植物纤维素、维生素等,具有止咳平喘、消积健胃、调脂降糖的功效,能够辅助治疗高血压、冠心病、糖尿病等病症。

高粱豆浆 ┃利气止泻+健脾益胃┃

材料 ┃ 黄豆和高粱2/5量杯, 水适量, 白糖半匙。

做法 ┃
1 黄豆浸泡大约10小时, 洗净沥干; 高粱淘洗干净。

2 将泡好的黄豆、高粱放入豆浆机中, 加入适量清水, 按下启动键。

3 将打好的豆浆过滤, 加入白糖饮用即可。

营养解析

　　高粱中不仅含有丰富的粗蛋白、粗纤维, 还含有大量的不饱和脂肪酸和矿物质, 具有利气止泻、健脾益胃的功效。

温馨饮用

高粱具有利气止泻的功效, 所以便秘患者最好不要饮用这款豆浆, 以免加重病情。

薏米豆浆

|清热利尿+润肠通便|

材料 | 黄豆和薏米2/5量杯,红枣5颗,水适量。

做法 | 1 黄豆浸泡大约10小时,洗净沥干;薏米浸泡3小时,用水淘干净;红枣去核洗净,切成小块。

2 将泡好的黄豆、薏米、红枣放入豆浆机中,加入适量清水,按下启动键。

3 将打好的豆浆过滤后即可饮用。

营养解析

　　薏米含有多种维生素和微量元素,味甘性微寒,能够减少肠胃负担,健胃除弊;可增强肾脏功能,清热利尿。薏米中含有膳食纤维,有助于促进肠道蠕动,改善大便不畅症状。红枣中含有丰富的钙、铁和黄酮类物质,能养血安神,有明显的镇静、催眠、降压作用。

温馨饮用

薏米中含有较高的淀粉质,过量食用可能导致消化不良或血糖波动。

黑米豆浆 |补肾暖胃+清肝明目|

材料 | 黄豆2/5量杯, 黑米1/5量杯, 水适量, 白糖半匙。

做法

1 黄豆、黑米浸泡大约10小时, 洗净沥干。

2 将泡好的黄豆、黑米放入豆浆机中, 加入适量清水, 按下启动键。

3 将打好的豆浆过滤, 按照适合自己的口味加入适量白糖即可。

营养解析

黑米被称为补血米、长寿米, 因为它含有多种营养元素, 例如粗蛋白质、粗脂肪、碳水化合物、无机盐以及维生素等, 具有补肾暖胃、清肝明目等功效。

温馨饮用

黑米豆浆营养丰富, 具有很强的滋补作用, 尤其适合孕妇、产妇等补血之用, 长期食用还可以益寿延年。

糙米豆浆 |消除烦躁+降低血糖|

材料 | 黄豆、糙米各3/5量杯,水适量,白糖半匙。

做法
1 黄豆、糙米浸泡大约10小时,洗净沥干。

2 将泡好的黑豆、糙米放入豆浆机中,加入适量清水,接通电源,按下启动键。

3 将打好的豆浆过滤,加入白糖即可。

营养解析

所谓糙米就是加工以后还保留有一些外层组织的米,也正是因为这些外层组织,使得它含有更加丰富的膳食纤维、矿物质、维生素等营养物质,能促进血液循环、消除烦躁、降低血糖等。

温馨饮用

糙米内所含的淀粉不易被人体消化,所以胃部胀满或者因脾胃虚弱引起的消化不良者不宜饮用此款豆浆。

糯米豆浆 |健脾养胃+补虚补血|

材料 | 黄豆和糯米各2/5量杯, 白糖半匙, 水适量。

做法 | 1 黄豆浸泡大约10小时, 洗净沥干; 糯米用水淘干净沥干。

2 将泡好的黄豆、糯米放入豆浆机中, 加入适量清水, 按下启动键。

3 将打好的豆浆过滤, 加入白糖即可。

营养解析

    糯米含有蛋白质、脂肪、维生素、微量元素等丰富的营养物质, 具有健脾养胃、补虚补血等功效。

温馨饮用

糯米黏性强、性温, 多吃易生痰, 有发热、咳嗽症状者不宜食用。

西瓜豆浆

| 清热解渴+清肺润肺 |

材料 | 黄豆3/5量杯,西瓜2块,水适量。

做法

1 黄豆浸泡大约10小时,洗净沥干;西瓜去皮去籽切成小块。

2 将泡好的黄豆、切好的西瓜放入豆浆机中,加入适量清水,按下启动键。

3 将打好的豆浆过滤后即可饮用。

营养解析

　　西瓜作为人们常食的夏季水果,甘甜可口,富含维生素等多种营养物质,而且几乎不含脂肪,并具有清热解渴、消暑降压、清肺润肺、美容养颜的功效。

温馨饮用

西瓜属于寒性食品,所以产妇等虚弱人群最好少饮用此款豆浆,而且西瓜含糖量不低,糖尿病患者尽量不要饮用。

杧果豆浆 ▏化痰止咳＋明目杀菌▏

材料 ▏黄豆3/5量杯，新鲜杧果1个，水适量。

做法 ▏
1 黄豆浸泡大约10小时，洗净沥干；杧果去皮切成小块。

2 将泡好的黄豆、切好的杧果块放入豆浆机中，加入适量清水，按下启动键。

3 将打好的豆浆过滤后即可饮用。

营养解析

　　杧果含有丰富的维生素、蛋白质、碳水化合物以及其他矿物质，具有清肠止吐、化痰止咳、明目杀菌的功效。此外，它还可以防治高血压、动脉硬化。

温馨饮用

杧果性质带湿毒，而湿疹、疮疡流脓等皮肤病以及水肿、脚气等内科病都是由湿毒引起的，所以这些患者不宜饮用此款豆浆。

雪梨豆浆 |生津止渴+润肺止咳|

材料 | 黄豆2/5量杯,雪梨1/2个,冰糖半匙,水适量。

做法 | 1 黄豆浸泡大约10小时,洗净沥干;雪梨去籽、去核切成小块。

2 将泡好的黄豆、切好的雪梨块放入豆浆机中,加入适量清水,按下启动键。

3 将打好的豆浆过滤后,加入冰糖化开即可饮用。

温馨饮用

雪梨性寒,所以这款豆浆不适合脾胃虚寒、肠道不好的人饮用,一般人也不要一次饮用太多。

营养解析

　　雪梨味道甘甜,富含维生素、苹果酸、柠檬酸等营养元素及大量水分,具有生津止渴、润肺化痰、养血生肌、降压清热的作用;冰糖味道甘甜,具有润肺止咳、生津和胃的功效。

苹果豆浆

| 生津止渴+健脾益胃 |

材料 | 黄豆2/5量杯，苹果半个，水适量。

做法 | 1 黄豆浸泡大约10小时，洗净沥干；苹果削皮去子切成小块。

2 将泡好的黄豆、切好的苹果块放入豆浆机中，加入适量清水，按下启动键。

3 将打好的豆浆过滤后即可饮用。

营养解析

苹果含有多种营养元素，包括膳食纤维、维生素及多种矿物质，被称为"全科医生"，具有生津止渴、健脾益胃、润肠止泻、解暑醒酒的功效，对于心血管疾病、高血压、高血脂、高血糖、癌症患者都有很好的预防及辅助治疗作用。

温馨饮用

溃疡性肠胃炎患者尽量不要饮用这款豆浆，因为苹果中的苹果酸含量很高，容易刺激肠胃，不利于溃疡面的愈合。

葡萄豆浆 | 健脾和胃+补肝养肾+生津利水 |

材料 | 黄豆3/5量杯,葡萄15粒,水适量。

做法 1 黄豆浸泡大约10小时,洗净沥干;葡萄剥皮去籽。

2 将泡好的黄豆、葡萄放入豆浆机中,加入适量清水,按下启动键。

3 将打好的豆浆过滤好即可饮用。

营养解析

葡萄味道酸甜,含有葡萄糖、多种矿物质及维生素,具有健脾和胃、补肝养肾、生津利水的功效。

温馨饮用

海鲜和葡萄相克,同食会引起呕吐、腹胀、腹痛、腹泻等症状,所以此款豆浆不宜与海鲜类食物搭配饮用。

木瓜豆浆 ┃清心润肺+美容养颜┃

材料 ┃ 黄豆3/5量杯,木瓜1/4个,水适量。

做法 ┃ 1 黄豆浸泡大约10小时,洗净沥干;木瓜剥皮去籽切成小块。

2 将泡好的黄豆、切好的木瓜块放入豆浆机中,加入适量清水,按下启动键。

3 将打好的豆浆过滤好即可饮用。

营养解析

木瓜特有的木瓜碱具有抗肿瘤的功效;特有的木瓜酵素具有清心润肺的功效,还可以帮助肠胃消化;女性常食还可以美容养颜。

温馨饮用

木瓜中的番木瓜碱具有轻微的毒性,所以此款豆浆一次不宜饮用太多,而孕妇和过敏体质的人尽量不要饮用。

菠萝豆浆 | 清热解暑+生津止渴 |

材料 | 黄豆3/5量杯, 新鲜菠萝1/4个, 水适量。

做法

1 黄豆浸泡大约10小时, 洗净沥干; 菠萝去皮切块用盐水泡制15分钟。

2 将泡好的黄豆、切好的菠萝块放入豆浆机中, 加入适量清水, 按下启动键。

3 将打好的豆浆过滤好即可饮用。

营养解析

菠萝含有大量的维生素和果糖、果酸、蛋白质等营养成分, 具有清热解暑、生津止渴功效。

温馨饮用

菠萝性寒, 所以身体虚弱的孕妇、产妇尽量少饮用此款豆浆, 否则会使身体更加虚弱。

水蜜桃豆浆 |生津开胃+润肠通便|

材料 | 黄豆3/5量杯,水蜜桃1/2个,水适量。

做法 |
1 黄豆浸泡大约10小时,洗净沥干;水蜜桃去核去皮切成小块。

2 将泡好的黄豆、切好的水蜜桃块放入豆浆机中,加入适量清水,按下启动键。

3 将打好的豆浆过滤好即可饮用。

营养解析

水蜜桃含有大量的蛋白质、粗纤维以及钙、磷、钾等微量元素,具有生津开胃、润肠通便的功效。

温馨饮用

水蜜桃偏寒,所以这款豆浆不适合孕妇、婴幼儿及肠胃不好的人饮用,否则会使身体变得更加虚弱。

香蕉苹果豆浆

| 润肠通便＋健脾益胃 |

材料 | 黄豆3/5量杯,香蕉1/2根,苹果1/2个,水适量。

做法
1 黄豆浸泡大约10小时,洗净沥干;香蕉去皮切成小块;苹果削皮去籽切成小块。

2 将泡好的黄豆、切好的香蕉和苹果块放入豆浆机中,加入适量清水,按下启动键。

3 将打好的豆浆过滤好即可饮用。

营养解析

　　香蕉含有丰富的蛋白质、粗纤维和碳水化合物以及丰富的微量元素,尤其是钾的含量更为突出,具有润肠通便、降压滋补的功效;苹果具有生津止渴、健脾益胃、润肠通便、解暑醒酒的功效。

温馨饮用

香蕉偏寒,所以此款豆浆不适合脾胃虚寒、肠胃不好的人饮用,否则会增加肠胃负担,加重病情。

香蕉草莓豆浆

| 润肠通便+健脾养胃 |

材料 黄豆3/5量杯,香蕉1/2根,草莓5颗,水适量。

做法

1 黄豆浸泡大约10小时,洗净沥干;苹果削皮去籽切成小块。

2 将泡好的黄豆、切好的苹果块放入豆浆机中,加入适量清水,按下启动键。

3 将打好的豆浆过滤好即可饮用。

营养解析

香蕉含有丰富的淀粉、蛋白质、粗纤维和碳水化合物以及丰富的微量元素,尤其是钾的含量更为突出,具有润肠通便、降压滋补的功效;草莓含有丰富的维生素、蛋白质和钾、钙等微量元素,具有健脾养胃、明目护肝、解热消渴等功效。

温馨饮用

香蕉含钾量较高,患有急慢性肾炎、肾功能不全者在喝此款豆浆时不宜饮用太多,以免增加肾脏负担,加重病情。

香蕉可可豆浆

| 润肠通便+调整心脏、肾脏功能 |

材料 | 黄豆3/5量杯,香蕉1/2根,可可豆1匙,水适量。

做法 | 1 黄豆浸泡大约10小时,洗净沥干;香蕉去皮切成小块;可可豆用水淘干净。

2 将泡好的黄豆,切好的香蕉和可可豆放入豆浆机中,加入适量清水,按下启动键。

3 将打好的豆浆过滤好即可饮用。

营养解析

　　香蕉含有丰富的蛋白质、粗纤维以及丰富的微量元素,尤其是钾的含量更为突出,具有润肠通便的功效;可可含有的咖啡因、可可碱等物质可调整心脏、肾脏功能。

温馨饮用

香蕉与马铃薯相克,同食会使脸上长斑,所以此款豆浆不适合跟马铃薯搭配饮用。

南瓜豆浆 |止咳化痰+清热润肺|

材料 | 黄豆3/5量杯,南瓜1/2量杯,水适量。

做法
1 黄豆浸泡大约10小时,洗净沥干;南瓜洗净,去掉瓤和籽,切成小块。

2 将泡好的黄豆、切好的南瓜放入豆浆机中,加入适量清水,按下启动键。

3 将打好的豆浆过滤好即可饮用。

温馨饮用

南瓜属于发物,多吃会诱发皮肤疮疡肿毒,所以此款豆浆不宜多喝。

营养解析

南瓜营养丰富,含有维生素、蛋白质及钙、磷等微量元素,具有止咳化痰、清热润肺等功效。

黄瓜豆浆

|生津止渴+清热解毒|

材料 | 黄豆3/5量杯,黄瓜1根,水适量。

做法 | 1 黄豆浸泡大约10小时,洗净沥干;黄瓜切成小丁。

2 将泡好的黄豆、切好的黄瓜放入豆浆机中,加入适量清水,按下启动键。

3 将打好的豆浆过滤好即可饮用。

营养解析

　　黄瓜含有维生素、蛋白质及钙、磷、铁等矿物质,还含有多种果糖、果酸,具有生津止渴、清热解毒等功效。

温馨饮用

黄瓜与辣椒相克,若同食,黄瓜内的维生素C分解酶会分解掉辣椒内丰富的维生素C,降低其营养价值,所以此款豆浆不宜与辣椒类食物同时饮用。

生菜豆浆 |镇痛安眠+降脂利尿+减肥美容|

材料 | 黄豆3/5量杯,生菜1/5量杯,水适量。

做法 |
1 黄豆浸泡大约10小时,洗净沥干;生菜洗净切成小条或者用手撕成小块。

2 将泡好的黄豆、生菜放入豆浆机中,加入适量清水,按下启动键。

3 将打好的豆浆过滤好即可饮用。

温馨饮用

生菜中含有的甘露醇具有利尿作用,所以尿频患者不宜饮用此款豆浆,否则会使尿频症状加重。

营养解析

生菜含有大量的莴苣素和甘露醇,具有镇痛安眠、降脂利尿的作用。此外,它还含有丰富的膳食纤维和维生素C,有助于减肥美容。

芦笋山药豆浆 |降压利尿+止咳润肺|

材料 | 黄豆3/5量杯，山药1/4个，芦笋2根，水适量。

做法
1 黄豆浸泡大约10小时，洗净沥干；山药去皮切成小块；芦笋洗净切段，用开水氽烫1分钟后捞起。

2 将泡好的黄豆、切好的山药和芦笋放入豆浆机中，加入适量清水，按下启动键。

3 将打好的豆浆过滤好即可饮用。

温馨饮用

山药有收涩肠道的作用，所以大便燥结、排便困难者不宜饮用此款豆浆，否则会使病情更严重。

营养解析

芦笋味道鲜美，可以助消化，含有多种人体所需的营养物质，具有降压利尿等功效；山药含有多种营养物质，具有健脾养胃、止咳润肺等功效。

芹菜豆浆 |安神降压+消肿止血+清热解毒|

材料 | 黄豆2/5量杯,芹菜1/5棵,冰糖半匙,水适量。

做法 | 1 黄豆浸泡大约10小时,洗净沥干;芹菜洗净切丁。

2 将泡好的黄豆、切好的芹菜丁放入豆浆机中,加入适量清水,按下启动键。

3 将打好的豆浆过滤,加入冰糖化开即可饮用。

营养解析

芹菜含有丰富的蛋白质、粗纤维及多种维生素和矿物质,具有安神降压、消肿止血、清热解毒等功效。

温馨饮用

此款豆浆含有少量的嘌呤成分,而嘌呤代谢紊乱又是引起痛风的原因,所以痛风患者不宜饮用此款豆浆,否则症状会加重。

胡萝卜豆浆

降脂止咳+补肝明目

材料 黄豆3/5量杯,胡萝卜1/2根,水适量。

做法
1 黄豆浸泡大约10小时,洗净沥干;胡萝卜洗净切丁。

2 将泡好的黄豆、切好的胡萝卜丁放入豆浆机中,加入适量清水,按下启动键。

3 将打好的豆浆过滤好即可饮用。

营养解析

　　胡萝卜含有蛋白质、脂肪、维生素、矿物质等营养元素,且胡萝卜素含量很高,具有降脂止咳、补肝明目等功效。

温馨饮用

胡萝卜性质较凉,过量食用可能加重脾胃的虚寒症状,所以脾胃虚寒的人群应适量食用。

芦笋豆浆 |降压利尿|

材料 | 黄豆3/5量杯, 芦笋3根, 水适量。

做法
1 黄豆浸泡大约10个小时, 洗净沥干; 芦笋洗净切段, 用开水汆烫1分钟后捞起。

2 将泡好的黄豆、烫好的芦笋放入豆浆机中, 加入适量清水, 按下按下启动键。

3 将打好的豆浆过滤好即可饮用。

营养解析

芦笋含有丰富的蛋白质、维生素、矿物质和人体所需的微量元素等营养物质, 具有降压利尿、减肥等功效, 对高血压、心脏病、水肿等也有很好的防治功效。

温馨饮用

凡服用巴豆治病者, 不宜饮用此款豆浆, 因为芦笋性凉, 巴豆性热, 同食不仅降低巴豆的药效, 而且冷热交杂, 对身体极为不利。

美味
健康豆浆

桂花蜂蜜豆浆

▎化痰平喘+滋养身心▎

材料 ▎黄豆3/5量杯，桂花1匙，蜂蜜、水适量。

做法 ▎
1 黄豆浸泡大约10小时，洗净沥干；桂花洗净。

2 泡好的黄豆、桂花放入豆浆机中，加入适量清水，按下启动键。

3 将打好的豆浆过滤，根据自己的口味加入适量的蜂蜜饮用即可。

营养解析

　　桂花被古人称为"百药之长"，具有生津止渴、化痰平喘、润肠通便、暖胃平肝的功效；蜂蜜含有葡萄糖、果糖及多种维生素及矿物质、有机物，具有滋养身心、解毒润燥的功效，尤其它所含的单糖不需消化即可以被人体吸收，是老人和妇幼滋补保健的佳品。

温馨饮用

桂花和蜂蜜都具有润肠通便的功效，所以腹泻患者不宜饮用此款豆浆，否则会加重腹泻。

薄荷绿豆浆

| 润肺疏肝+清热解毒 |

材料 黄豆2/5量杯,绿豆和大米各1/5量杯,薄荷4片,冰糖半匙,水适量。

做法
1 黄豆浸泡大约10小时,洗净沥干;绿豆浸泡6小时,洗净沥干;大米淘洗干净;薄荷洗净撕成小块。

2 将泡好的黄豆、绿豆、大米、薄荷放入豆浆机中,加入适量清水,按下启动键。

3 将打好的豆浆过滤,加入冰糖饮用即可,如果在夏季,可以放进冰箱冷藏1小时再饮用,更加清爽解渴。

营养解析

　　薄荷有其独特的芳香味、清凉感和辛辣味,具有润肺疏肝、清利咽喉、止痒解毒、去腥除臭、美容护肤的功效;绿豆味甘性凉,具有止渴降压、清热解毒的功效。

温馨饮用

妇女产后不宜饮用此款豆浆,因为薄荷有一定的刺激性,会使乳汁减少。

金银花豆浆 清热解毒+疏散风热

材料 黄豆3/5量杯,枸杞5颗,金银花和蜂蜜各1
匙,水适量。

做法
1 黄豆浸泡大约10小时,洗净沥干;金银花
  洗净;枸杞洗净泡开。

2 将泡好的黄豆、洗净的金银花、枸杞放入
  豆浆机中,加入适量清水,按下启动键。

3 将打好的豆浆过滤,依照个人口味加入适
  量蜂蜜即可饮用。

温馨饮用

金银花性寒,所以这款豆浆不适
合脾胃虚寒以及患有腹泻病症
的人群饮用,否则会增加肠胃负
担,病症更加严重。

营养解析

　　金银花具有清热解毒、疏散风热、消肿止痛的功效,可缓解上呼吸道感染、流行性感冒、
扁桃体炎、牙周炎等疾病。此外,它还具有美容养颜的功效。

绿茶豆浆 |抗菌消炎+提神醒脑|

材料 | 黄豆和绿豆各2/5量杯,绿茶和冰糖各半匙,水适量。

做法 | 1 黄豆浸泡大约10小时,洗净沥干;绿豆浸泡6小时,洗净沥干;绿茶泡开。

2 将泡好的黄豆、绿豆、绿茶放入豆浆机中,加入适量清水,按下启动键。

3 将打好的豆浆过滤,加入白糖饮用即可。

营养解析

绿茶性寒味苦,含有叶绿素、鞣酸等营养元素,具有抗菌消炎、提神醒脑、美容护肤功效。

温馨饮用

绿茶中含有的鞣酸会与食物中的铁相结合,形成沉淀物,妨碍人体对铁的吸收,所以贫血人群及处于月经期的女性尽量少饮用此款豆浆,否则会使体内的铁流失更多。

茉莉花豆浆 |理气化痰+润肺止咳|

材料 | 黄豆3/5量杯, 茉莉花1/5量杯, 蜂蜜1匙, 水适量。

做法 | 1 黄豆浸泡大约10小时, 洗净沥干; 茉莉花洗净分瓣。

2 将泡好的黄豆、茉莉花放入豆浆机中, 加入适量清水, 按下启动键。

3 将打好的豆浆过滤, 加入蜂蜜即可饮用。

营养解析

茉莉花具有理气化痰、疏肝解郁、抗菌消炎等功效; 蜂蜜含有多种营养物质, 具有补中缓急、润肺止咳的功效。

温馨饮用

茉莉花性温, 所以内热气郁引起的便秘患者不宜饮用此款豆浆, 否则会加重便秘。

玫瑰花豆浆 |润肺化痰+强肝养胃|

材料 | 黄豆2/5量杯,黑豆和花生仁各1/5量杯,干玫瑰花5朵,蜂蜜1匙,水适量。

做法
1 黄豆、黑豆浸泡大约10小时,洗净沥干;玫瑰花洗净分瓣。

2 将泡好的黄豆、黑豆、花生仁、干玫瑰花放入豆浆机中,加入适量清水,按下启动键。

3 将打好的豆浆过滤,加入蜂蜜即可饮用。

营养解析

　　黑豆具有软化血管、滋润皮肤、延缓衰老、黑发乌发的功能;花生具有健脾益胃、润肺化痰、滋养补气的功效;而玫瑰花味甘微苦,具有活血调经、强肝养胃、散郁止痛的功效。

温馨饮用

这款豆浆不仅养颜美容,还可治疗月经不调,女性朋友可以多饮。不过,玫瑰花还具有收敛肠道作用,所以便秘患者不宜多饮。

菊花枸杞豆浆

清热解毒+滋阴补肾+益气安神

材料 黄豆3/5量杯,枸杞10颗,菊花和蜂蜜各1匙,水适量。

做法
1 黄豆浸泡大约10小时,洗净沥干;菊花洗净;枸杞洗净泡开。

2 将泡好的黄豆、菊花、枸杞放入豆浆机中,加入适量清水,按下启动键。

3 将打好的豆浆过滤,加入蜂蜜即可饮用。

营养解析

　　菊花味甘微苦,具有生津止渴、疏肝理气、清热解毒的功效;枸杞具有滋阴补肾、降糖降压、益气安神、强身健体的功效。

温馨饮用

菊花可能会引发少数人的过敏反应,所以有过敏体质的人最好不要饮用此款豆浆。

百合枸杞红豆浆

| 降压降脂+益气安神 |

材料 红豆3/5量杯, 百合若干, 枸杞10颗, 水适量。

做法
1 红豆浸泡大约6小时, 洗净沥干; 百合洗净分瓣; 枸杞洗净泡开。

2 将泡好的红豆、百合、枸杞放入豆浆机中, 加入适量清水, 按下启动键。

3 将打好的豆浆过滤后即可饮用。

营养解析

　　红豆含较多的膳食纤维, 具有利尿催乳、降压降脂、减肥瘦身的作用; 百合具有润燥清热、保肺解毒的功效; 枸杞具有滋阴补肾、降糖降压、益气安神、强身健体的功效。

温馨饮用

百合与猪肉相克, 同食会引起中毒, 所以饮用此款豆浆时, 不可搭配猪肉食物。

菊花雪梨豆浆

生津止渴+清热解毒+
润肺化痰

材料 | 黄豆2/5量杯,雪梨1/2个,菊花1匙,水适量。

做法 |
1 黄豆浸泡大约10小时,洗净沥干;雪梨洗净去籽切成小块;菊花洗净。

2 将泡好的黄豆、雪梨、菊花放入豆浆机中,加入适量清水,按下启动键。

3 将打好的豆浆过滤好即可饮用。

营养解析

　　菊花具有生津止渴、疏肝理气、清热解毒的功效;雪梨具有生津止渴、润肺化痰、养血生肌的功效,两者互相搭配,能够达到开胃助消化的作用。

温馨饮用

菊花与雪梨都是性凉之物,所以这款豆浆不适合脾胃虚寒或者肠胃不好的人群饮用,否则会加重肠胃负担,对身体健康不利。

龙井豆浆

生津止渴+降压利尿

材料 | 黄豆4/5量杯,龙井茶叶半匙,水适量。

做法 |
1 黄豆浸泡大约10小时,洗净沥干;龙井泡开。

2 将泡好的黄豆、龙井放入豆浆机中,加入适量清水,按下启动键。

3 将打好的豆浆过滤即可饮用。

营养解析

龙井茶不仅味道香浓,而且含有丰富的营养物质,具有生津止渴、降压利尿的功效。

温馨饮用

龙井茶中含有较多咖啡因,可使人体的中枢神经兴奋,而神经衰弱就是精神容易兴奋和脑力容易疲乏的一种反应,所以有神经衰弱的患者不宜饮用此款豆浆。

五谷酸奶豆浆 |开胃助消化|

材料 | 黄豆2/5量杯，大米、小米、小麦仁、玉米粒各1/10量杯，酸奶半盒，水适量。

做法 | 1 黄豆浸泡大约10小时，洗净沥干；大米、小米、小麦仁、玉米粒用水淘洗干净。

2 将泡好的黄豆、大米、小米、小麦仁、玉米粒放入豆浆机中，加入适量清水，按下启动键。

3 将打好的豆浆过滤，晾凉以后加入酸奶即可饮用。

营养解析

　　酸奶可以促进人体内胃液分泌，提高食欲，还含有蛋白质、糖类等营养物质，而五谷的营养物质更是数不胜数，互相搭配可达到开胃助消化的作用。

温馨饮用

此款豆浆性凉，酸味比较重，所以胃酸过多、腹泻或者有其他肠道疾病的人群不宜饮用。

薄荷桂花豆浆 | 清利咽喉+生津止渴 |

材料 | 黄豆3/5量杯, 薄荷4片, 桂花1匙, 水适量。

做法 | 1 黄豆浸泡大约10小时, 洗净沥干; 薄荷洗净; 桂花洗净。

2 将泡好的黄豆、薄荷、桂花放入豆浆机中, 加入适量清水, 按下启动键。

3 将打好的豆浆过滤后即可饮用。

营养解析

　　薄荷有其独特的芳香味、清凉感和辛辣味, 具有清利咽喉、增加食欲的功效; 桂花具有生津止渴、开胃助消化的功效, 两者搭配能达到开胃的目的。

温馨饮用

此款豆浆性凉, 而腹泻一般是因饮食过凉而导致胃肠功能紊乱、肠蠕动加快所引发的, 所以腹泻患者不宜饮用此款豆浆。

核桃杏仁豆浆

安神健脑+提高记忆力

材料 | 黄豆2/5量杯，核桃仁和杏仁各1/5量杯，水适量。

做法 |
1 黄豆浸泡大约10小时，洗净沥干；杏仁洗净。

2 将泡好的黄豆、核桃仁、杏仁放入豆浆机中，加入适量清水，按下启动键。

3 将打好的豆浆过滤好即可饮用。

营养解析

　　核桃含有优质蛋白、矿物质等多种营养物质，具有润肺补胃、滋阴养血、安神健脑等功效；杏仁所含的不饱和脂肪酸具有提高记忆力的功效，两者搭配食用可以达到安神健脑的作用。

温馨饮用

此款豆浆滋补效果比较强，会增加体内的"热能"，而上火则是因为体内"火力"旺盛引起的，所以正在上火的人群不宜饮用此款豆浆。

糙米花生豆浆 |镇静神经+安神健脑|

材料 | 黄豆2/5量杯,糙米和花生仁各2/5量杯,水适量。

做法 | 1 黄豆、糙米浸泡约10小时,洗净沥干。

2 将泡好的黄豆、糙米和花生仁放入豆浆机中,加入适量清水,按下启动键。

3 将打好的豆浆过滤好饮用即可。

营养解析

糙米含有大量人体所需的镁、钾、钙等微量元素,具有镇静神经的功效;花生含丰富的氨基酸,有促进脑细胞发育、增强记忆力的功能,两者搭配能够达到镇静神经、安神健脑的功效。

温馨饮用

花生属于高蛋白、高脂肪食物,不易消化,所以胃溃疡、慢性肠胃疾病患者不宜饮用此款豆浆,否则会使肠胃负担加重。

花生腰果豆浆

|提高记忆力+安神补脑|

材料 黄豆2/5量杯,花生仁和腰果各1/5量杯,水适量。

做法

1 黄豆浸泡大约10小时,洗净沥干。

2 将泡好的黄豆、花生仁、腰果放入豆浆机中,加入适量清水,按下启动键。

3 将打好的豆浆过滤好饮用即可。

营养解析

　　花生内丰富的氨基酸有促进脑细胞发育、增强记忆力的功能;腰果含有丰富的蛋白质、碳水化合物和脂肪,尤其是不饱和脂肪酸含量丰富,具有健脾养胃、安神补脑、养血护肾的功效,两者搭配能够达到提高记忆力、安神补脑的作用。

温馨饮用

花生含凝血因子,可使血瘀不散,加重瘀伤,所以有跌打损伤的患者最好不要饮用此款豆浆。

黑芝麻黑米黑豆豆浆 | 滋补益气+美容瘦身 |

材料 | 黑豆3/5量杯, 黑米1/5量杯, 黑芝麻半匙, 水适量。

做法 | 1 黑豆、黑米浸泡大约10小时, 洗净沥干; 黑芝麻洗净沥干。

2 将泡好的黑豆, 黑米、黑芝麻放入豆浆机中, 加入适量清水, 按下启动键。

3 将打好的豆浆过滤好即可饮用。

温馨饮用

此款豆浆温补效应比较大, 儿童消化吸收不了, 所以小儿不宜饮用。

营养解析

　　黑豆含有蛋白质、氨基酸、微量元素等丰富的营养物质, 而且热量又低, 具有滋养健血、补虚乌发、瘦身美容的功效; 黑米富含粗蛋白与各种维生素, 具有益气活血、滋阴补肾、乌发美容的功效; 黑芝麻含有大量的不饱和脂肪酸、蛋白质及维生素, 具有补肝益气、乌发养颜的功效, 三者融为一体, 是女性滋补益气、美容瘦身的佳品。

橘柚豆浆

┃减肥瘦身+养颜美容┃

材料 ┃ 黄豆2/5量杯,橘子和柚子各1/2个,水适量。

做法 ┃
1 黄豆浸泡大约10小时,洗净沥干;橘子、柚子去皮切成小块。

2 将泡好的黄豆,橘子、柚子肉放入豆浆机中,加入适量清水,按下启动键。

3 将打好的豆浆过滤好饮用即可。

营养解析

橘子和柚子均含有丰富的膳食纤维,可以加速肠道蠕动,促进通便,达到瘦身的功效,高含量的维生素C更是具有养颜美容的功效。

温馨饮用

服药期间不要饮用此款豆浆,以免豆浆与药物发生不良反应;肠胃功能、脾胃虚寒的人不宜饮用此款豆浆。

银耳莲子豆浆 ┃健脾补胃+滋阴养肾┃

材料 ┃ 黄豆3/5量杯，银耳1/2朵，新鲜莲子1/5量杯，水适量。

做法 ┃ 1 黄豆浸泡大约10小时，洗净沥干；银耳泡开洗净、去把儿切成小朵；莲子洗净。

2 将泡好的黄豆、银耳、莲子放入豆浆机中，加入适量清水，按下启动键。

3 将打好的豆浆过滤好即可饮用。

温馨饮用

此款豆浆含糖量比较高，所以糖尿病患者不宜饮用，否则会使病症加重。

营养解析

莲子入脾、肾、心经，具有健脾和胃、益肾补气的功效；银耳入肺、胃、肾经，具有润肺养胃、强精补肾、活血益气等功效；两者搭配，能够对人体起到健脾补胃、滋阴养肾的作用。

芝麻黑米豆浆

清肝明目+补肝益肾

材料 | 黄豆和黑米各2/5量杯,芝麻半匙,水适量。

做法 |
1 黄豆、黑米浸泡大约10小时,洗净沥干;芝麻洗净沥干。

2 将泡好的黄豆、黑米、芝麻放入豆浆机中,加入适量清水,按下启动键。

3 将打好的豆浆过滤好饮用即可。

营养解析

　　黑米含有蛋白质、粗纤维等多种营养物质,具有滋阴活血、补肾暖胃、清肝明目等功效;芝麻则含有大量的脂肪、蛋白质、糖类和维生素,具有补肝益肾、降低胆固醇、激活脑细胞、增强记忆力的作用。

温馨饮用

此款豆浆具有顺滑肠胃的作用,所以慢性肠炎、腹泻患者不宜饮用,否则会使肠胃功能衰减,加重病情。

红枣枸杞豆浆

益气安神+滋阴补肾

材料 | 黄豆3/5量杯,去核红枣5颗,枸杞10颗,水适量。

做法 | 1 黄豆浸泡大约10小时,洗净沥干;去核红枣洗净,切成小块;枸杞洗净泡开。

2 将泡好的黄豆、去核红枣、枸杞放入豆浆机中,加入适量清水,按下启动键。

3 将打好的豆浆过滤好饮用即可。

营养解析

红枣具有补中益气、养血安神、健脾固肾的功效;枸杞具有滋阴补肾、降糖降压、益气安神、强身健体的功效,故两者搭配而成的红枣豆浆具有益气安神、滋阴补肾的功效。

温馨饮用

枸杞属性热食物,感冒发烧时食用枸杞会加重病情。

红枣莲子豆浆

| 清热解毒+去火 |

材料 黄豆各2/5量杯, 去核红枣5颗, 新鲜莲子1/5量杯, 水适量。

做法

1 黄豆浸泡大约10小时, 洗净沥干; 去核红枣洗净, 切成小块; 莲子洗净。

2 将泡好的黄豆、去核红枣、莲子放入豆浆机中, 加入适量清水, 按下启动键。

3 将打好的豆浆过滤好即可饮用。

营养解析

　　红枣具有养血生津、补脾健胃的功效; 莲子性凉偏寒, 具有清热去火、强心补肾的功效, 两者搭配有很好的清热解毒、去火功效。

温馨饮用

红枣吃多了会胀气, 所以内热气郁的便秘患者不宜饮用此款豆浆, 否则会使便秘病情加重。

绿豆百合豆浆 |解暑解毒+润燥清热|

材料 | 绿豆3/5量杯, 百合若干, 白糖半匙, 水适量。

做法
1 绿豆浸泡大约6小时, 洗净沥干; 百合洗净分瓣。

2 将泡好的绿豆、百合放入豆浆机中, 加入适量清水, 按下启动键。

3 将打好的豆浆过滤, 加入白糖即可饮用。

营养解析

绿豆性凉, 有清热解暑解毒之效, 而百合性微寒, 具有润燥清热的作用, 故两者搭配而成的这款绿豆百合豆浆具有明显的去火功效。

温馨饮用

绿豆中含有大量的蛋白质、黄酮类物质, 会与有机磷农药、汞、砷、铅化合物结合形成沉淀物, 使之减少或失去毒性, 所以此款豆浆非常适合在有毒环境下工作或常接触有毒物质的人群用于解毒保健。

绿豆红薯豆浆 | 排毒养颜 |

材料 | 黄豆2/5量杯,绿豆1/5量杯,红薯1/4个,水适量。

做法 | 1 黄豆浸泡约10小时,洗净沥干;绿豆浸泡6小时,洗净沥干;红薯去皮洗净,切成小块。

2 将泡好的黄豆、绿豆和红薯放入豆浆机中,加入适量清水,按下启动键。

3 将打好的豆浆过滤好饮用即可。

营养解析

红薯含有丰富的膳食纤维,具有宽肠通便、排毒养颜的功效。

温馨饮用

这款豆浆不能和柿子一起食用,因为红薯里的糖分会和柿子里的果胶产生沉淀聚集,严重时会出现胃出血与胃溃疡的情况。

百合莲子绿豆浆

| 清火润肺 |

材料 | 绿豆3/5量杯,百合若干,新鲜莲子1/5量杯,水适量。

做法 | 1 绿豆浸泡大约6小时,洗净沥干;百合、莲子洗净。

2 将泡好的绿豆、百合、莲子放入豆浆机中,加入适量清水,按下启动键。

3 打好的豆浆可以直接饮用。

营养解析

　　绿豆性凉,具有清热解毒的功效,可以改善肺热、肺燥;百合性微寒,具有清火润肺、养心安神的功效。莲子含有一定的膳食纤维,可以帮助促进肠胃蠕动,适合消化功能较弱、食欲不振的人群。

温馨饮用

百合性寒凉,风寒咳嗽者不要饮用此款豆浆,可能会加重病情。

雪梨黑豆浆

| 润肺清热+生津化痰 |

材料 黑豆3/5量杯，雪梨1/2个，水适量。

做法

1 黑豆浸泡大约10小时，洗净沥干；雪梨去籽切成小块。

2 将泡好的黑豆、雪梨放入豆浆机中，加入适量清水，按下启动键。

3 将打好的豆浆过滤好饮用即可。

营养解析

　　黑豆富含蛋白质、维生素等各种营养物质，具有润肺去热、补血安神、健脾补肾的作用；雪梨性寒，含有苹果酸、柠檬酸和各种维生素，具有润肺清热、生津化痰的功效。

温馨饮用

黑豆中的低聚糖和纤维素容易引起腹胀和消化不良等症状，脾胃虚弱者最好不要饮用此款豆浆。

花生黄豆浆 |补血益气+滋阴润肺|

材料 | 黄豆和花生仁各2/5量杯,白糖半匙,水适量。

做法 | 1 黄豆浸泡大约10小时,洗净沥干。

2 将泡好的黄豆、花生仁放入豆浆机中,加入适量清水,按下启动键。

3 将打好的豆浆过滤,按照自己口味加入适量白糖即可饮用。

营养解析

花生富含蛋白质、脂肪、氨基酸等人体所需营养元素,具有补血益气、滋阴润肺的功效。

温馨饮用

花生含有大量脂肪,肠炎、痢疾等脾胃功能不良者食用后,会加重病情,所以此款豆浆不适宜这些人群饮用。

芝麻黑豆浆 |补血养颜+滋补肝肾|

材料 | 黑豆3/5量杯, 芝麻1匙, 水适量。

做法 | 1 黑豆浸泡大约10小时, 洗净沥干; 芝麻洗净沥干。

2 将泡好的黑豆、芝麻放入豆浆机中, 加入适量清水, 按下启动键。

3 将打好的豆浆过滤, 即可饮用。

营养解析

　　芝麻和黑豆都具有补血养颜、乌发美发、滋补肝肾的功效, 非常适合女性朋友们饮用。

温馨饮用

过量食用黑豆可能导致腹胀、腹痛等消化不良症状, 应适量食用。

芝麻蜂蜜豆浆

|清热解毒+养颜护发|

材料 | 黄豆3/5量杯，芝麻和蜂蜜各1匙，水适量。

做法 | 1 黄豆浸泡大约10小时，洗净沥干；芝麻洗净沥干。

2 将泡好的黄豆、芝麻放入豆浆机中，加入适量清水，按下启动键。

3 将打好的豆浆过滤，按照自己口味加入适量蜂蜜即可饮用。

营养解析

　　芝麻具有补血通乳、祛风养肝、养颜美发的功效；而蜂蜜味道甘甜，具有清热解毒、养颜护发的功效，两者搭配的这款豆浆，非常适合女性饮用。

温馨饮用

蜂蜜含糖量比较高，所以这款豆浆不适合糖尿病患者饮用。

山楂大米豆浆 开胃消食+活血化瘀

材料 | 黄豆2/5量杯，大米1/5量杯，山楂5颗，水适量。

做法 |
1. 黄豆浸泡大约10小时，洗净沥干；大米淘洗干净；山楂去核切成小块。
2. 将泡好的黄豆、大米、山楂放入豆浆机中，加入适量清水，按下启动键。
3. 将打好的豆浆过滤，即可饮用。

营养解析

　　山楂味道酸甜，含有丰富的维生素、苹果酸、山楂酸、柠檬酸等多种物质，具有开胃消食、活血化瘀、化痰平喘的功效。

温馨饮用

山楂味道较酸，大量进食会对胃肠道造成刺激，尤其是本身脾胃就比较虚弱的人，如果过度摄入山楂，会加重不适感。

玫瑰花油菜
黑豆浆

|活血化瘀+消肿止痛|

材料 | 黄豆2/5量杯,黑豆1/5量杯,油菜1棵,玫瑰花5朵,水适量。

做法 | 1 黄豆、黑豆浸泡大约10小时,洗净沥干;油菜洗净切成小块;玫瑰花洗净。

2 将泡好的黄豆、黑豆以及油菜、玫瑰花放入豆浆机中,加入适量清水,按下启动键。

3 将打好的豆浆过滤好即可饮用。

营养解析

　　油菜含有多种人体所需的营养元素,尤其是蛋白质、维生素、矿物质的含量比较高,具有活血化瘀、解毒消肿、降压降脂的功效;而玫瑰花味甘微苦,具有活血调经、强肝养胃、散瘀止痛的功效。故这款豆浆具有很好的活血化瘀、消肿止痛的功效。

温馨饮用

油菜性偏寒,脾胃虚寒、腹泻者不宜多食,如果过量适应,会加重不适感。

芝麻糯米黑豆浆 |补虚活血+美容养颜|

材料 黑豆和糯米各2/5量杯, 芝麻1匙, 白糖半匙, 水适量。

做法
1 黑豆浸泡大约10小时, 洗净沥干; 糯米淘洗干净; 芝麻洗净沥干。

2 将泡好的黑豆、糯米、芝麻放入豆浆机中, 加入适量清水, 按下启动键。

3 将打好的豆浆过滤好, 加入白糖即可饮用。

营养解析

糯米具有补虚活血、健脾益胃的功效; 芝麻具有祛风养肝、养颜美发的功效; 黑豆具有清热解毒、黑发乌发的功能。所以这款豆浆是补虚活血、美容养颜的佳品。

温馨饮用

糯米黏性比较重, 所以消化不良的人尽量不要饮用此款豆浆, 否则会加重消化不良的症状。

高粱小米豆浆 |健脾和胃+补虚安神|

材料 | 黄豆2/5量杯, 高粱米和小米各1/5量杯, 白糖半匙, 水适量。

做法 |
1 黄豆浸泡大约10小时, 洗净沥干; 高粱米、小米淘洗干净。

2 将泡好的黄豆、高粱米、小米放入豆浆机中, 加入适量清水, 按下启动键。

3 将打好的豆浆过滤, 按照自己口味加入适量白糖即可饮用。

营养解析

　　高粱具有健脾和胃、祛湿化痰、安神养心的功效; 小米含有丰富的蛋白质及维生素等营养物质, 具有开胃消食、补虚安神之效。

温馨饮用

高粱具有涩肠止泻的功效, 所以便秘患者不宜饮用此款豆浆, 否则会加重病情。

香蕉百合豆浆

|清热解毒+镇静安神|

材料 黄豆3/5量杯,香蕉1/2根,百合若干,水适量。

做法
1 黄豆浸泡大约10小时,洗净沥干;香蕉去皮切成小块;百合洗净分瓣。

2 将泡好的黄豆、香蕉、百合放入豆浆机中,加入适量清水,按下启动键。

3 将打好的豆浆过滤好即可饮用。

营养解析

　　香蕉含有多种营养元素,具有清热解毒、宽肠通便的功效;百合具有清火润肺、镇静安神的功效。

温馨饮用

香蕉含钾量比较高,会增加血容量和动脉张力,导致血压升高,从而诱发肾病,所以患有肾病的人群不宜饮用此款豆浆,否则会使病情加重。

小米枸杞豆浆

| 补虚安神+改善睡眠 |

材料 | 黄豆和小米各2/5量杯,枸杞10颗,水适量。

做法 | 1 黄豆浸泡大约10小时,洗净沥干;小米淘洗干净;枸杞洗净泡开。

2 将泡好的黄豆、小米、枸杞放入豆浆机中,加入适量清水,按下启动键。

3 将打好的豆浆过滤好即可饮用。

营养解析

　　小米含有丰富的蛋白质及维生素等营养物质,具有开胃消食、补虚安神之效;枸杞具有降压降脂、滋肝补肾、改善睡眠的功效。

温馨饮用

小米中含有较多的膳食纤维,胃肠功能较弱的人应少食,因为大量食用可能引起腹胀、腹痛等不适症状。

玉米小米豆浆 |健脾养胃+补虚安神|

材料 | 黄豆1/5量杯,玉米粒2/5量杯,小米1/5量杯,水适量。

做法 |
1 黄豆浸泡大约10小时,洗净沥干;玉米粒、小米淘洗干净。

2 将泡好的黄豆、玉米粒、小米放入豆浆机中,加入适量清水,按下启动键。

3 将打好的豆浆过滤好即可饮用。

温馨饮用

小米性凉,故虚寒怕冷体质的人群不宜饮用此款豆浆,否则会使身体更加虚弱。

营养解析

玉米含有丰富的碳水化合物、蛋白质和纤维素,具有健脾养胃、降压抗癌、美容养颜、调整神经系统功能的作用;小米具有开胃消食、补虚安神之效。故这款豆浆对于失眠有很好的辅助治疗效果。

温馨
家庭豆浆

枸杞山药豆浆 ┃强身健体+延年益寿┃

材料 ┃ 黄豆3/5量杯,山药1/4量杯,枸杞10颗,
水适量。

做法 ┃ 1 黄豆浸泡大约10小时,洗净沥干;山药去
皮洗净,切成小块;枸杞洗净泡开。

2 将泡好的黄豆、山药、枸杞放入豆浆机
中,加入适量清水,按下启动键。

3 将打好的豆浆过滤好即可饮用。

温馨饮用

山药与鲫鱼相克,同食易引起
水肿,所以此款豆浆不宜与鲫
鱼类食物搭配饮用。

营养解析

　　山药含有丰富的营养物质,具有健脾益胃、润肺清心的功效;枸杞含有丰富的维生素和多
种矿物质,具有益气安神、强身健体的功效。而这款枸杞山药豆浆将这两者合二为一,故能达
到强身健体、延年益寿的作用。

花生莲子绿豆浆 |安神健脑+滋补元气+养心补肾|

材料 | 绿豆2/5量杯，花生、莲子各1/5量杯，水适量。

做法 | 1 绿豆浸泡大约6小时，洗净沥干；花生、莲子洗净；枸杞洗净泡开。

2 将泡好的绿豆、花生、莲子放入豆浆机中，加入适量清水，按下启动键。

3 将打好的豆浆过滤后即可饮用。

营养解析

　　花生含有大量的蛋白质、不饱和脂肪酸以及人体所需的多种氨基酸，具有镇静神经、安神健脑、滋补身心、延年益寿的功效；莲子具有滋补元气、养心补肾、健脾安神、降压明目的功效。

温馨饮用

绿豆性偏凉，脾胃虚寒者不可过量食用，否则会加重胃寒、乏力等不适症状。

豌豆小米黄豆浆 | 健胃消食+益肾补虚 |

材料 | 黄豆2/5量杯,豌豆、小米各1/5量杯,水适量。

做法 | 1 黄豆浸泡大约10小时,洗净沥干;小米淘洗干净;豌豆洗净。

2 将泡好的黄豆、小米、豌豆放入豆浆机中,加入适量清水,按下启动键。

3 将打好的豆浆过滤好即可饮用。

温馨饮用

过多食用豌豆容易腹胀,不宜大量长期食用。

营养解析

　　豌豆中含有丰富的叶酸,这种成分能够促进胎儿的中枢神经系统发育,防止新生儿体重过轻、早产以及婴儿腭裂等先天性畸形的发生;小米具有健胃消食、益肾补虚的功效,可改善准妈咪在怀孕期间身体虚弱、食欲不振的状况。

百合银耳黑豆浆

养心安神+滋阴润肺

材料 黑豆2/5量杯,百合若干,银耳1/2朵,水适量。

做法

1 黑豆浸泡大约10小时,洗净沥干;百合洗净分瓣;银耳泡开洗净,去把儿切成小朵。

2 将泡好的黑豆、百合、银耳放入豆浆机中,加入适量清水,按下启动键。

3 将打好的豆浆过滤好饮用即可。

营养解析

　　百合具有养心安神、促进睡眠的功效;银耳具有益气安神、补脾开胃、滋阴润肺的功效。黑豆中含有胰蛋白酶和胰凝乳蛋白酶,能增强胰腺功能,促进胰岛素分泌。

温馨饮用

黑豆不易消化,消化功能不良者不宜多食,避免引起腹写。

莲子黑豆浆 ┃养心安神+滋补元气+消除疲劳┃

材料 ┃ 黑豆3/5量杯, 莲子1/5量杯, 水适量。

做法 ┃
1 黑豆浸泡大约10小时, 洗净沥干; 莲子洗净。

2 将泡好的黑豆、莲子放入豆浆机中, 加入适量
清水, 按下启动键。

3 将打好的豆浆过滤好即可饮用。

营养解析

莲子具有健脾益胃、养心安神、补肾固精、滋补元气、消除疲劳的功效; 黑豆具有清热活血、益肾滋补的功效。

温馨饮用

黑豆有温热效应, 中医认为便秘是内热气郁所导致, 所以便秘患者不宜饮用此款豆浆, 否则会加重病情。

黑芝麻枸杞黑豆浆

| 滋补肝肾+益气安神+强身健体 |

材料 | 黑豆3/5量杯, 黑芝麻1匙, 枸杞10颗, 水适量。

做法 | 1 黑豆浸泡大约10小时, 洗净沥干; 枸杞洗净泡开; 黑芝麻洗净沥干。

2 将泡好的黑豆、黑芝麻、枸杞放入豆浆机中, 加入适量清水, 按下启动键。

3 将打好的豆浆过滤好饮用即可。

温馨饮用

此款豆浆具有润肠通便的效果, 所以腹泻患者不宜饮用, 否则会使病情加重。

营养解析

　　黑豆具有清热活血、滋补肝肾的功效; 黑芝麻具有滋肝补肾、固精活血、益气力、长肌肉的功效; 枸杞具有生精补肾、强身健体、益气安神的功效。

紫薯燕麦豆浆 |增强免疫力+安神健脑|

材料 | 黄豆2/5量杯,燕麦1/5量杯,紫薯1/5个,核桃仁1/10量杯,水适量。

做法 | 1 黄豆浸泡大约10小时,洗净沥干;燕麦清洗干净;紫薯洗净切成小块。

2 将泡好的黄豆、燕麦、紫薯、核桃仁放入豆浆机中,加入适量清水,按下启动键。

3 将打好的豆浆过滤好即可饮用。

营养解析

紫薯含有丰富的蛋白质及维生素等营养成分,具有改善消化道环境、增强机体免疫力的作用;核桃仁含有优质蛋白、矿物质等多种营养物质,具有润肺补胃、安神健脑等功效;燕麦中含有非常丰富的多酚类化合物,能够抑制氧化、延缓人体衰老。

温馨饮用

紫薯中含有一种氧化酶,这种酶容易使人的肠道与胃产生过多的二氧化碳气体,所以腹胀、打嗝、气滞食积患者尽量不要饮用此款豆浆,否则会加重病情。

玉米黑豆豆浆 |降压|

材料 | 黄豆1/5量杯,玉米粒2/5量杯,黑豆1/5量杯,水适量。

做法 |
1 黄豆、黑豆浸泡大约10小时,洗净沥干;玉米粒淘洗干净。

2 将泡好的黄豆、黑豆、玉米粒放入豆浆机中,加入适量清水,按下启动键。

3 将打好的豆浆过滤好即可饮用。

营养解析

黄豆、黑豆与玉米中均含有一种叫做亚油酸的物质,这种物质具有降低血中胆固醇的作用,可以在一定程度上预防高血压;玉米中高含量的钙也具有降血压的功效。

温馨饮用

玉米中含有丰富的膳食纤维,所以消化功能不佳的人不宜过量饮用,否则容易引起消化不良。

红薯玉米豆浆

补虚益气+保护视力

材料 黄豆1/5量杯，玉米粒2/5量杯，红薯1/4个，水适量。

做法
1 黄豆浸泡大约10小时，洗净沥干；玉米粒淘洗干净；红薯去皮洗净，切成小块。

2 将泡好的黄豆、玉米粒、红薯放入豆浆机中，加入适量清水，按下启动键。

3 将打好的豆浆过滤后即可饮用。

营养解析

　　红薯性平、味甘，入脾胃经，有补虚益气、健脾和胃的功效。其中富含的膳食纤维，可促进胃肠蠕动，润肠通便。玉米含有较多的黄体素及玉米黄素，可以保护视力。

温馨饮用

红薯含有丰富的淀粉，多吃容易引起胀气、消化不良，所以气滞食积者不宜饮用此款豆浆，否则会加重病情。

黄瓜黑米黑豆浆　| 维持血糖平衡 |

材料 | 黑豆2/5量杯, 黑米1/5量杯, 黄瓜1/2根, 水适量。

做法 |
1　黑豆、黑米浸泡大约10小时, 洗净沥干; 黄瓜洗净切成小块。

2　将泡好的黑豆、黑米、黄瓜放入豆浆机中, 加入适量清水, 按下启动键。

3　将打好的豆浆过滤好即可饮用。

温馨饮用

黑豆与茄子相克, 所以饮用此款豆浆时, 不宜与茄子做成的菜肴搭配饮用。

营养解析

　　黄瓜味道甘甜, 所含的糖分是葡萄糖式和果糖, 这些糖类不参与人体内部的糖代谢, 所以具有降糖的功效; 黑米富含膳食纤维, 能够降低葡萄糖的吸收速度, 防止餐后血糖急剧上升, 维持人体内血糖平衡。黑豆中含有胰蛋白酶和胰凝乳蛋白酶, 能增强胰腺功能, 促进胰岛素分泌。

玉米须燕麦黑豆浆 |降糖+平肝利胆|

材料 | 黑豆1/5量杯, 燕麦2/5量杯, 玉米须20克, 水适量。

做法 | 1 黑豆浸泡大约10小时, 洗净沥干; 燕麦清洗干净; 玉米须洗净切碎。

2 将泡好的黑豆、燕麦、玉米须放入豆浆机中, 加入适量清水, 按下启动键。

3 将打好的豆浆过滤好饮用即可。

温馨饮用

黑豆中含有的草酸盐容易与钙结合, 形成结石, 所以肾结石患者不宜饮用此款豆浆, 否则会加重病情。

营养解析

　　黑豆中的营养元素既能够促进胰岛素的分泌, 又能够缓解人体糖类的吸收, 从而可达到降糖的作用; 玉米须味道稍甜, 含有脂肪油、苦味糖甙、维生素等各种营养物质, 具有降糖、利尿止血、平肝利胆的作用。

胡萝卜绿豆豆浆 |降压降糖+保肝护肾|

材料 | 黄豆1/5量杯,绿豆2/5量杯,胡萝卜1/2根,水适量。

做法 | 1 黄豆浸泡大约10小时,洗净沥干;绿豆浸泡6小时,洗净沥干;胡萝卜洗净切丁。

2 将泡好的黄豆、绿豆、胡萝卜放入豆浆机中,加入适量清水,按下启动键。

3 将打好的豆浆过滤好饮用即可。

温馨饮用

摄入过量胡萝卜素会引起妇女闭经和抑制卵巢的正常排卵功能,所以预备怀孕的女性不宜过量饮用此款豆浆。

营养解析

胡萝卜富含B族维生素、视黄醇和胡萝卜素,常吃能降低血糖;其含有的槲皮素和山萘酚可增加冠状动脉血流量,具有降压的功效。绿豆具有清热止渴、降压降糖、降低胆固醇、保肝护肾的功效。

山楂银耳豆浆 | 保护肝脏 |

材料 | 黄豆3/5量杯，山楂5颗，银耳1/2朵，冰糖半匙，水适量。

做法
1 黄豆浸泡大约10小时，洗净沥干；山楂洗净，去核切块；银耳用水泡开，撕成小块。

2 将泡好的黄豆、山楂、银耳放入豆浆机中，加入适量清水，按下启动键。

3 将打好的豆浆过滤，加入冰糖化开，即可饮用。

营养解析

山楂含有的营养物质对肝脏有保护作用，能促使肝细胞再生，抑制脂肪肝的形成；银耳能提高肝脏的解毒能力，起到保护肝脏的作用。

温馨饮用

山楂酸甜味较重，含有的营养物质对人体只消不补，所以脾胃虚寒的患者不宜饮用此款豆浆。

苹果燕麦豆浆 |降低胆固醇|

材料 | 黄豆2/5量杯,燕麦1/5量杯,苹果1/2个,水适量。

做法 | 1 黄豆浸泡大约10小时,洗净沥干;燕麦清洗干净;苹果削皮去籽,切成小块。

2 将泡好的黄豆、燕麦、苹果放入豆浆机中,加入适量清水,按下启动键。

3 将打好的豆浆过滤好饮用即可。

营养解析

苹果中含有的果胶和微量元素能够降低血液中胆固醇的含量,防止脂肪聚集;燕麦中含有丰富的亚油酸,可以降低胆固醇,对脂肪肝、糖尿病等病症有辅助治疗效果。

温馨饮用

苹果含有丰富的糖类和钾元素,所以糖尿病以及肾病患者不宜饮用此款豆浆,否则会使病情加重。

山楂燕麦豆浆 | 舒张血管+降压 |

材料 | 黄豆2/5量杯,山楂5颗,燕麦1/5量杯,水适量。

做法 | 1 黄豆浸泡大约10小时,洗净沥干;燕麦清洗干净;山楂洗净,去籽切成小块。

2 将泡好的黄豆、燕麦、山楂放入豆浆机中,加入适量清水,按下启动键。

3 将打好的豆浆过滤后即可饮用。

温馨饮用

山楂味道酸甜,胃酸分泌过多者不宜饮用此款豆浆,否则会使肠胃更加虚弱。

营养解析

　　黄豆中含有的卵磷脂能够促使胆固醇酯化,降低血液中胆固醇的含量;山楂中的微量元素、矿物质及黄酮类成分能够舒张血管、加强和调节心肌,增大心脏运动振幅及冠状动脉血流量,降低血清胆固醇和降压。燕麦中含有非常丰富的多酚类化合物,能够清除体内自由基、抑制氧化、延缓人体衰老。

蜜橘黄豆浆 |降低胆固醇+防治冠心病|

材料 | 黄豆3/5量杯, 蜜橘1个, 水适量。

做法 | 1 黄豆浸泡大约10小时, 洗净沥干; 蜜橘去皮。

2 将泡好的黄豆、蜜橘放入豆浆机中, 加入适量清水, 按下启动键。

3 将打好的豆浆过滤好饮用即可。

温馨饮用

蜜橘含糖量比较高, 所以此款豆浆不适合糖尿病患者饮用, 以免加重病患。

营养解析

　　蜜橘能够加速胆固醇的转化, 降低胆固醇和血脂含量; 黄豆中含有的卵磷脂能够促使胆固醇酯化, 降低血液中胆固醇的含量, 从而能达到防治冠心病的功效。

橙子豆浆 ▎降低胆固醇+保护血管▎

材料 ▎黄豆3/5量杯,橙子2/3个,水适量。

做法 ▎1 黄豆浸泡大约10小时,洗净沥干;橙子去皮切成小块。

2 将泡好的黄豆、橙子放入豆浆机中,加入适量清水,按下启动键。

3 将打好的豆浆过滤后即可饮用。

营养解析

橙子中维生素C的含量高,能软化血管、降低胆固醇、增强血管的致密性、防止脑部出血,镁、钾元素还能起到保护血管的作用;黄豆中所含的豆固醇能够促进体内胆固醇的排出,减少脑中风病发。

温馨饮用

空腹时不宜食用橙子,因为橙子中所含的有机酸会刺激胃黏膜,导致胃部不适,甚至引发胃痛。特别是对于患有胃溃疡或胃炎的人来说,空腹吃橙子可能会加重病情。

菠菜豆浆 |预防贫血+延缓衰老|

材料 | 黄豆3/5量杯,菠菜2棵,水适量。

做法 | 1 黄豆浸泡大约10小时,洗净沥干;菠菜洗净,切成小段。

2 将泡好的黄豆、菠菜放入豆浆机中,加入适量清水,按下启动键。

3 将打好的豆浆过滤好饮用即可。

营养解析

菠菜含有丰富的铁,可以预防贫血。其中还含有抗氧化剂维生素E和硒元素,能促进人体新陈代谢,延缓衰老。黄豆中所含的豆固醇能够促进体内胆固醇的排出,减少脑中风病发。

温馨饮用

菠菜含有大量的膳食纤维,可促进排便,所以腹泻患者不宜饮用此款豆浆,否则会使腹泻情况加重。

百合雪梨黄豆浆 | 润肺清热+化痰止咳 |

材料 | 黄豆1/2量杯，雪梨1/2个，百合若干，水适量。

做法
1 黄豆浸泡大约10小时，洗净沥干；雪梨去籽切成小块；百合洗净分瓣。

2 将泡好的黄豆、雪梨、百合放入豆浆机中，加入适量清水，按下启动键。

3 将打好的豆浆过滤后即可饮用。

营养解析

　　百合具有润肺清热、化痰止咳的功效；雪梨性寒，含有苹果酸、柠檬酸和各种维生素，具有润肺清热、生津化痰的功效。

温馨饮用

猪肉与梨相克，同食会伤害肾脏，所以此款豆浆不宜与猪肉食物搭配饮用。

白果冰糖豆浆

| 润肺益气+止咳平喘+除湿化痰 |

材料 | 黄豆3/5量杯，白果1/10量杯，冰糖半匙，水适量。

做法 | 1 黄豆浸泡大约10小时，洗净沥干；白果去皮和胚芽。

2 将泡好的黄豆、白果放入豆浆机中，加入适量清水，按下启动键。

3 将打好的豆浆过滤，加入冰糖搅拌至化开即可饮用。

营养解析

　　白果味道甘苦，含有多种黄酮类物质及蛋白质、维生素等人体所需营养素，具有润肺益气、止咳平喘、除湿化痰的功效；冰糖具有生津润肺、化痰平喘的功效。

温馨饮用

白果有微毒，所以此款豆浆不宜过量饮用。此外，5岁以下的儿童尽量不要饮用此款豆浆。

白萝卜蜂蜜豆浆 |清热化痰+润肺止咳|

材料 | 黄豆3/5量杯, 白萝卜1/5个, 蜂蜜20克, 水适量。

做法
1 黄豆浸泡大约10小时, 洗净沥干; 白萝卜去皮切成小块。

2 将泡好的黄豆、白萝卜放入豆浆机中, 加入适量清水, 按下启动键。

3 将打好的豆浆过滤, 加入蜂蜜即可饮用。

营养解析

白萝卜含有芥子油和粗纤维, 具有健胃消食、止咳化痰的功效; 蜂蜜具有清热解毒、润肺止咳的功效。

温馨饮用

糖尿病患者不宜吃蜂蜜, 蜂蜜中含有丰富的果糖以及葡萄糖、蔗糖等成分, 糖尿病患者在服用蜂蜜后会使血糖迅速升高, 导致病情出现恶化。

水果汁

荔枝汁 |补脾益肝+补心安神|

材料 | 新鲜荔枝20颗

做法 | 1 荔枝去皮去核,放入榨汁机中榨
汁备用。

2 将榨好的荔枝汁倒入杯中,即可
饮用。

营养解析

荔枝味甘,具有补脾益肝、理气补
血、温中止痛、补心安神的功效。其含丰
富的维生素C和蛋白质,有助于增强机体
免疫力,提高抗病能力。

温馨饮用

荔枝性热,多食易上火。过多食用荔枝会出现口腔溃疡、口
腔黏膜发炎、流血等上火症状。患有慢性扁桃体炎和咽喉
炎的人,多吃荔枝会加重虚火;容易过敏的人群多吃荔枝
后,会出现头、恶心、腹痛、腹泻、皮疹和瘙痒等过敏症状。

西瓜汁 ▎解渴消暑+预防便秘 ▎

材料 ▎ 西瓜1/2个

做法 ▎ 1 西瓜切块后去籽,或直接选用无籽西瓜,放入榨汁机中榨汁备用。

2 将榨好的西瓜汁倒入杯中,即可饮用。若觉得不够甜可以适量加入白糖或蜂蜜,加入冰块或冰镇后饮用口感更佳。

营养解析

西瓜味甜、水多,有解渴消暑的功效。西瓜中还含有丰富的纤维素,有助于促进肠道蠕动,预防便秘。最适宜在夏天或上火时饮用。

温馨饮用

西瓜性寒,体寒发热、经期女性不适宜喝西瓜汁,最好也不要喝冰镇饮品。

木瓜柠檬汁

|促进消化+润肤养颜|

材料 | 木瓜1/2个，柠檬4片，纯净水100mL。

做法 | 1 将木瓜和柠檬洗净后去皮去籽，一起放入榨汁机中并倒入纯净水榨汁备用。

2 榨好的木瓜柠檬汁倒入杯中，可适量加入白糖或蜂蜜，搅拌均匀后即可饮用。

营养解析

　　木瓜性温，维生素C的含量非常高，能消除体内过氧化物等毒素，净化血液，对肝功能障碍及高血脂、高血压病具有防治效果。木瓜里的酵素会帮助分解肉食，促进消化，防治便秘，润肤养颜。柠檬富含维生素C，可美白，可增强肌体的解毒功能，达到增强抵抗力的作用。

温馨饮用

木瓜甜味较淡，柠檬味酸，可以适量加入白糖或蜂蜜后饮用，味道更佳。可以在早晨起床喝1杯木瓜柠檬汁，不仅能排除身体毒素，美容养颜，还能让一整天精力充沛，赶走困顿。

苹果樱桃
柠檬汁

| 健脾益胃+祛风除湿 |

材料 | 苹果1个,樱桃10颗,柠檬1/2个,纯净水100mL。

做法 | 1 将苹果去皮去核后切成块状,樱桃去核,柠檬去皮去籽后一起放入榨汁机中并加入纯净水后榨汁备用。

2 将榨好的苹果樱桃柠檬汁倒入杯中,搅拌均匀后即可饮用。

营养解析

　　苹果具有生津止渴、润肺除烦、健脾益胃、养心益气、润肠、止泻、解暑、醒酒等功效。樱桃性温,具有调中补气、祛风除湿功能。长期食用,可明显提高人体免疫力。柠檬富含维生素C,可美白,可增强机体的解毒功能,达到增强抵抗力的作用。

温馨饮用

柠檬味道较酸,若苹果和樱桃不够甜,可以适当加一些白糖或蜂蜜,味道更佳。

草莓香瓜汁 |健脾益胃+消暑清热|

材料 | 草莓10颗,香瓜1/2个,纯净水200mL。

做法 |
1 将香瓜洗净后去皮去瓤并切成块状,草莓洗净后去蒂,一起放入榨汁机中并加入纯净水后榨汁备用。

2 将榨好的草莓香瓜汁倒入杯中,搅拌均匀后即可饮用。

营养解析

　　草莓性味甘、凉,有润肺生津、健脾益胃、利尿消肿、解热祛暑的功效,其中丰富的维生素C还可以预防坏血病、高血压和高血脂等疾病。香瓜含大量柠檬酸,可消暑清热、生津解渴,最适合在夏季炎热时食用。

温馨饮用

出血及体虚者,脾胃虚寒、腹胀便泻者,痰湿内盛、尿路结石等患者不宜多食。

菠萝橘子
香蕉汁

| 消食止泻+润肺止咳 |

材料 | 菠萝1个,橘子2个,香蕉1根,纯净水200mL。

做法 | 1 将菠萝去皮后在盐水中浸泡半个小时,拿出切成块状;橘子洗净去皮去籽后掰成小瓣;香蕉去皮并切成块状,一起放入榨汁机中并加入纯净水后榨汁备用。

2 将榨好的菠萝橘子香蕉汁倒入杯中,搅拌均匀后即可饮用。

营养解析

　　菠萝味甘性温,具有解暑止渴、消食止泻的功效。橘子具有开胃理气、止咳润肺的功效,其富含维生素C和柠檬酸,可美白润肤、消除疲劳。香蕉具有清热解毒、润肠通便、润肺止咳作用。

温馨饮用

菠萝里含有强酵素,空腹吃会伤胃;菠萝在放入榨汁机前一定要用盐水浸泡,因为没有经过盐水浸泡的菠萝中含有菠萝蛋白酶,会导致过敏体质者出现过敏现象。

菠萝葡萄柚汁

解暑止渴+消除疲劳

材料 │ 菠萝1/2个, 葡萄柚1/2个。

做法

1. 将菠萝去皮后在盐水中浸泡半个小时, 拿出切成块状, 葡萄柚洗净去皮后去籽切成块状, 一起放入榨汁机中榨汁备用。

2. 将榨好的菠萝葡萄柚汁倒入杯中, 搅拌均匀后即可饮用。

营养解析

　　菠萝味甘性温, 具有解暑止渴、消食止泻的功效。葡萄柚含有丰富的维C, 有预防黑斑、雀斑、消除疲劳等作用。它还富含膳食纤维, 有助于促进消化健康和维持饱腹感。

温馨饮用

葡萄柚味道偏酸涩, 可以在果汁里加入白糖或蜂蜜调味, 口感更佳。

葡萄柚汁 |美白嫩肤|

材料 | 葡萄柚1个,蜂蜜适量。

做法 | 1 将葡萄柚洗净后去皮去籽,放入榨汁机
中榨汁备用。

2 将榨好的葡萄柚汁倒入杯中,加入适量
蜂蜜,搅拌均匀后即可饮用。

营养解析

葡萄柚中富含天然维生素P
和维生素C以及可溶性纤维素。
维生素P可以增强皮肤及毛孔的
代谢功能,维生素C可美白,可
增强肌体的解毒功能,达到增
强抵抗力的作用。

温馨饮用

葡萄柚性寒,多食易导致腹痛、贫血或多痰者不宜多食用。

猕猴桃梨汁 |促进消化+润肺消痰|

材料 | 猕猴桃1个,梨1个。

做法

1 猕猴桃洗净去皮后切块,梨洗净后去皮去核并切块,一起放入榨汁机中榨汁备用。

2 将榨好的猕猴桃梨汁倒入杯中,搅拌均匀后即可饮用。

营养解析

猕猴桃含有丰富的维生素C,堪称"果中之王",还含有对人体有益的可溶性膳食纤维,不仅能降低胆固醇,促进心脏健康,还可以促进消化,防止便秘。梨有润肺消痰、清热解毒等功效。

温馨饮用

梨性寒,因此体质虚寒、寒咳者不宜多吃,否则易伤脾胃、助阴湿。

梨子葡萄草莓汁 |润肺消痰+利尿消肿|

材料 | 梨1个,葡萄10颗,草莓10颗,蜂蜜适量,纯净水适量。

做法 | 1 将梨洗净后去皮去核并切块,草莓洗净后去蒂,葡萄洗净,一起放入榨汁机中并加入纯净水后榨汁备用。

2 将榨好的梨子葡萄草莓汁倒入杯中,加入适量蜂蜜,搅拌均匀后即可饮用。

营养解析

葡萄有补气血、生津利水的功效。梨有润肺消痰、清热解毒等功效。草莓有润肺生津、健脾和胃、利尿消肿的功效,其中丰富的维生素C还可以预防坏血病、高血压和高血脂等疾病,草莓中含有的果胶及纤维素可促进胃肠蠕动,防止便秘。

温馨饮用

葡萄和牛奶不能同食,因为葡萄里含有果酸,会使牛奶中的蛋白质凝固,不仅影响营养的吸收,严重时会出现腹胀、腹痛、腹泻等症状。

葡萄菠萝汁

┃生津利水+解暑止渴┃

材料 ┃ 葡萄10颗,菠萝1/2个,蜂蜜适量。

做法 ┃
1 将菠萝去皮在盐水中浸泡半个小时后拿出切块,葡萄洗净,一起放入榨汁机中榨汁备用。

2 将榨好的葡萄菠萝汁倒入杯中,加入适量蜂蜜,搅拌均匀后即可饮用。

营养解析

　　葡萄有补气血、生津利水的功效。菠萝味甘性温,具有解暑止渴、食止泻的功效,不仅可以减肥,还能帮助消化。

温馨饮用

菠萝在放入榨汁机前一定要用盐水浸泡,因为没有经过盐水浸泡的菠萝中含有菠萝蛋白酶,会导致过敏体质者出现过敏现象。

蜜桃梨汁

清热解毒+活血生津

材料 水蜜桃1个,梨1个,柠檬1/4个,蜂蜜适量。

做法
1 将水蜜桃和梨洗净后去皮去核并切块,柠檬洗净后去皮切片,一起放入榨汁机中,并加入纯净水后榨汁备用。

2 将榨好的蜜桃梨汁倒入杯中,加入适量蜂蜜,搅拌均匀后即可饮用。

营养解析

　　梨有润肺消痰、清热解毒等功效。水蜜桃性温,能够活血、润肠、生津、养肝、通经络,桃中含铁量较高,故吃桃能防治贫血。柠檬富含维生素C,有增强抵抗力的功效。

温馨饮用

蜂蜜中葡萄糖、果糖含量高,食后导致体内的血糖升高,不宜多吃。

杧果葡萄汁 |补气血+促进肠胃蠕动|

材料 | 杧果1个, 葡萄10颗, 蜂蜜适量, 纯净水适量。

做法 |
1 将杧果洗净后去皮去核并切块, 葡萄洗净, 一起放入榨汁机中并加入纯净水后榨汁备用。

2 将榨好的杧果葡萄汁倒入杯中, 加入适量蜂蜜, 搅拌均匀后即可饮用。

营养解析

葡萄有补气血、生津利水的功效。杧果中含有大量的维生素, 常吃可滋润肌肤; 杧果纤维较高, 可促进肠胃蠕动, 有清肠的功效。

温馨饮用

吃完葡萄不宜大量饮水, 否则会导致腹痛、腹泻。葡萄含糖较高, 糖尿病患者禁食。

猕猴桃石榴蜂蜜汁 |促进消化+抗菌消炎|

材料 | 猕猴桃2个,石榴2个,纯净水适量,蜂蜜适量。

做法 | 1 猕猴桃去皮后切块,石榴剥好,一起放入榨汁机中并加入纯净水后榨汁备用。

2 将榨好的猕猴桃石榴汁倒入杯中,加入适量蜂蜜,搅拌均匀后即可饮用。

营养解析

　　猕猴桃含有丰富的膳食纤维,能够促进肠道蠕动,促进消化。石榴含有丰富的维生素和钙、磷、钾等微量矿物元素,能够补充人体所缺失的微量元素,具有抗菌消炎,增强抵抗力的功效。

温馨饮用

石榴吃多了会上火,还会使牙齿发黑,吃完后应及时漱口;石榴含糖多,感冒及急性炎症、便秘患者要慎食,糖尿病患者禁食。

荔枝与梨汁 ┃生津降火+理气补血┃

材料 ┃ 梨2个,荔枝5颗。

做法 ┃ 1 将梨洗净后去皮去核并切块,荔枝去皮去核,一起放入榨汁机中榨汁备用。

2 将榨好的荔枝与梨汁倒入杯中,搅拌均匀后即可饮用。

营养解析

梨有润肺消痰、清热解毒的功效,可生津降火。荔枝味甘,具有补脾益肝、理气补血、补心安神的功效,其含丰富的维生素C和蛋白质,有助于增强机体免疫力。

温馨饮用

荔枝性热,多食易上火。过多食用荔枝会出现口腔溃疡、口腔黏膜发炎、流血等上火症状。患有慢性扁桃体炎和咽喉炎的人,多吃荔枝会加重虚火。

猕猴桃香蕉汁 |促进消化+润肠通便|

材料 | 猕猴桃2个，香蕉1根，纯净水200mL。

做法 | 1 将猕猴桃和香蕉去皮并切成块状，一起放入榨汁机中并加入纯净水后榨汁备用。

2 将榨好的猕猴桃香蕉汁倒入杯中，搅拌均匀后即可饮用。

温馨饮用

猕猴桃和香蕉均性寒凉，脾胃功能较弱的人不宜多食。

营养解析

　　猕猴桃含有丰富的维生素C，堪称"果中之王"，还含有对人体有益的可溶性膳食纤维，不仅能降低胆固醇，促进心脏健康，还可以促进消化，防止便秘，快速清除并防止体内有害代谢物的堆积。香蕉具有清热解毒、润肠通便、润肺止咳等作用。

冰糖雪梨柠檬汁 |化痰润肺+美白润肤|

材料 | 梨1个, 冰糖适量, 柠檬1片。

做法 | 1 将梨洗净后去皮去核, 与冰糖一起放入锅中, 隔水蒸30分钟。

2 将蒸好的梨汁倒入杯中, 放置温凉后加入一片柠檬, 待柠檬汁渗入后即可饮用。也可将柠檬汁直接挤入梨汁中饮用。

营养解析

冰糖雪梨汁可化痰润肺, 可缓解气管炎等导致的咳嗽症状。柠檬调味, 让味道不至于过甜, 还有美白润肤的功效。

温馨饮用

柠檬不能在刚煮好梨汁时就放入。因为高温会破坏柠檬中的维生素C, 导致营养流失。

哈密瓜柠檬汁 |生津止渴+促进代谢|

材料 | 哈密瓜 1/8个, 柠檬1/4个, 纯净水适量。

做法 1 哈密瓜洗净去皮去籽后切块, 柠檬洗净去皮去籽, 一起放入榨汁机中并加入纯净水后榨汁备用。

2 将榨好的哈密瓜柠檬汁倒入杯中, 搅拌均匀后即可饮用。

营养解析

哈密瓜含铁量较高, 有生津止渴、利水消暑的功效。柠檬富含维生素C, 有美白、促进新陈代谢的功效。

温馨饮用

哈密瓜性凉, 食用过多会引起腹泻。哈密瓜含糖较高, 糖尿病患者不宜食用。

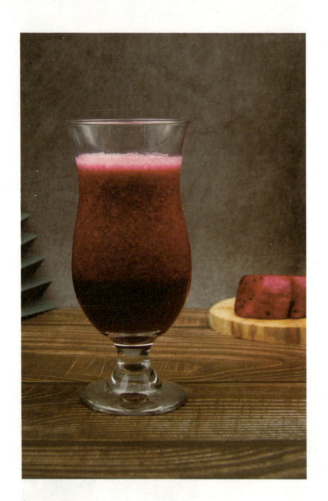

火龙果蜂蜜汁

|抗衰老+美容养颜|

材料 | 火龙果1个, 蜂蜜少许, 纯净水100mL。

做法 | 1 将火龙果去皮后切成块状, 放入榨汁机中并加入纯净水后榨汁备用。

2 将榨好的火龙果汁倒入杯中, 加入适量蜂蜜, 搅拌均匀后即可饮用。

营养解析

　　火龙果含丰富的花青素, 它具有抗氧化、抗自由基、抗衰老的作用。同时, 火龙果富含大量维生素C, 有美白皮肤和减肥作用。蜂蜜可润肠通便, 美容养颜。

温馨饮用

火龙果含糖量高, 容易影响血糖。糖尿病患者和体质虚寒者应少量食用。

橘子菠萝汁

| 解暑止渴+开胃理气 |

材料 | 橘子2个,菠萝1/2个。

做法 | 1 菠萝去皮后在盐水中浸泡半个小时,拿出切成块状,将橘子洗净后去皮剥成小瓣,一起放入榨汁机中榨汁备用。

2 将榨好的橘子菠萝汁倒入杯中,即可饮用。

营养解析

　　菠萝味甘性温,具有解暑止渴、消食止泻的功效,不仅可以减肥,还能帮助消化。橘子具有开胃理气、止咳润肺的功效,其富含维生素C和柠檬酸,可美白润肤、消除疲劳。

温馨饮用

胃溃疡患者最好避免食用菠萝,菠萝是酸性食物,会刺激胃酸分泌,从而可能加重胃溃疡的病情。此外,菠萝中的蛋白酶也可能对胃部产生刺激,不利于溃疡的愈合。

杜果橘子蜂蜜汁 |清肠润肤+消除疲劳|

材料 | 杜果1个, 橘子1个, 蜂蜜适量, 纯净水适量。

做法 |
1 将杜果洗净后去皮去核并切块, 橘子洗净后去皮剥成小瓣, 一起放入榨汁机中榨汁备用。

2 将榨好的杜果橘子汁倒入杯中, 加入适量蜂蜜, 搅拌均匀后即可饮用。

营养解析

　　杜果中含有大量的维生素, 常吃可滋润肌肤, 杜果纤维较高, 可促进肠胃蠕动, 有清肠的功效。橘子具有开胃理气、止咳润肺的功效, 其富含维生素C和柠檬酸, 可美白润肤、消除疲劳。

温馨饮用

杜果热量较高, 多食易上火, 所以每天吃杜果不要超过200g。橘子不宜和牛奶同食。

猕猴桃
葡萄蜂蜜汁

| 调节肠胃+健脾益胃 |

材料 | 猕猴桃1个，葡萄10颗，纯净水适量，蜂蜜适量。

做法 | 1 猕猴桃去皮切块，葡萄洗净，一起放入榨汁机中并加入纯净水后榨汁备用。

2 将榨好的猕猴桃葡萄汁倒入杯中，加入适量蜂蜜，搅拌均匀后即可饮用。

营养解析

　　猕猴桃含有丰富的维生素C，堪称"果中之王"，还含有对人体有益的可溶性膳食纤维，不仅能降低胆固醇，促进心脏健康，还可以促进消化，防止便秘，快速清除并防止体内有害代谢物的堆积。葡萄有补气血、生津利水的功效。猕猴桃和葡萄都有调节肠胃，健脾益胃的功效。

温馨饮用

糖尿病患者不宜吃蜂蜜，蜂蜜中含有丰富的果糖以及葡萄糖、蔗糖等成分，糖尿病患者在服用蜂蜜后会使血糖迅速地升高，导致病情出现恶化。

杜果菠萝柠檬汁

|润肤清肠+促进消化|

材料 | 杜果1个，菠萝1/2个，柠檬1/4个，蜂蜜适量。

做法 | 1 杜果洗净后去皮去核，菠萝去皮在盐水中浸泡半小时后拿出切块，柠檬洗净后去皮，一起放入榨汁机中榨汁备用。

2 将榨好的杜果菠萝柠檬汁倒入杯中，加入适量蜂蜜，用搅拌棒搅拌均匀后即可饮用。

营养解析

　　杜果中含有大量的维生素，常吃可滋润肌肤，杜果纤维含量较高，可促进肠胃蠕动，有清肠的功效。菠萝味甘性温，具有解暑止渴、消食止泻的功效，不仅可以减肥，还能促进消化。柠檬富含维生素C，有抗氧化、美白和增强抵抗力的功效。

温馨饮用

空腹不宜食用柠檬，因为空腹状态下胃酸分泌过多，吃柠檬可能会刺激胃酸分泌，导致胃部不适。

葡萄哈密瓜汁 |补气血+生津止渴|

材料 | 葡萄10颗,哈密瓜1/6个,纯净水适量,蜂蜜适量。

做法 | 1 哈密瓜去皮去籽后切块,葡萄洗净,一起放入榨汁机中并加入纯净水后榨汁备用。

2 将榨好的汁倒入杯中,加入适量蜂蜜,搅拌均匀后即可饮用。

营养解析

葡萄有补气血、生津利水的功效。哈密瓜含铁量较高,可促进人体造血功能,还有生津止渴、利水消暑的功效。

温馨饮用

哈密瓜性寒,食用过多会引起腹泻。哈密瓜含糖量较高,糖尿病患者不宜食用。

苹果橙子汁 |润肺除烦+增强免疫力|

材料 | 苹果1个,橙子1/2个,纯净水适量。

做法 | 1 将苹果去皮去核后切成块状,橙子
去皮去籽,一起放入榨汁机中并加
入纯净水后榨汁备用。

2 将榨好的苹果橙子汁倒入杯中,搅
拌均匀后即可饮用。

营养解析

　　苹果具有生津止渴、润肺除
烦、健脾益胃、养心益气、润肠、
止泻、解暑、醒酒等功效。橙子富
含维生素C和柠檬酸及其他抗氧化
物质,能够补充身体所需的营养元
素,维持身体健康,增强免疫力。

温馨饮用

苹果橙子汁适合早晨起床后饮用,其富含高
纤维和维生素C,补充一晚上的消耗,还能排
毒养颜。

菠萝苹果汁

| 解暑止渴+润肺除烦 |

材料 ｜ 菠萝1/2个，苹果1个，纯净水200mL。

做法 ｜
1 将菠萝去皮后在盐水中浸泡半个小时，拿出切成块状，苹果洗净去皮去核后切成块状，一起放入榨汁机中并加入纯净水后榨汁备用。

2 将榨好的菠萝苹果汁倒入杯中，搅拌均匀后即可饮用。

营养解析

　　菠萝味甘性温，具有解暑止渴、消食止泻的功效，不仅可以减肥，还能帮助消化。苹果具有生津止渴、润肺除烦、健脾益胃、养心益气、润肠、止泻、解暑、醒酒等功效。

温馨饮用

菠萝在放入榨汁机前一定要用盐水浸泡，因为没有经过盐水浸泡的菠萝中含有菠萝蛋白，会导致过敏体质者出现过敏现象。

水蜜桃橘子汁 |活血润肠+开胃理气|

材料 水蜜桃1个,橘子2个,纯净水适量,蜂蜜适量。

做法

1 将水蜜桃洗净后去皮去核并切块,橘子洗净后去皮瓣成小瓣,一起放入榨汁机中并加入纯净水后榨汁备用。

2 将榨好的蜜桃橘汁倒入杯中,加入适量蜂蜜,用搅拌棒搅拌均匀后即可饮用。

温馨饮用

虽然橘子营养丰富,但不能多吃,以免上火,引起便秘、口腔溃疡等上火症状。

营养解析

水蜜桃性温,能够活血、润肠、生津、养肝、通经络,桃中含铁量较高,故吃桃能防治贫血。橘子具有开胃理气、止咳润肺的功效,其富含维生素C和柠檬酸,可美白润肤、消除疲劳。

蔬菜汁

苦瓜汁 |清热解毒|

材料 | 苦瓜1/2根, 柠檬1/4个, 蜂蜜适量, 纯净水适量。

做法 | 1 苦瓜洗净后切块, 柠檬洗净后去皮切块, 一起放入榨汁机中并加入纯净水后榨汁备用。

2 将榨好的苦瓜柠檬汁倒入杯中, 加入适量蜂蜜, 搅拌均匀后即可饮用。

营养解析

苦瓜可清热解暑, 其中还含有被称为"脂肪杀手"的苦味素, 能减少脂肪和多糖的摄取。柠檬富含维生素C, 可美白, 可增强身体的解毒功能, 达到增强抵抗力的作用。

温馨饮用

苦瓜味道较苦涩, 加入蜂蜜后可调味。苦瓜熟食性温, 生食性寒, 脾虚胃寒者不应生吃。

玉米汁 ┃降胆固醇+保护视力┃

材料 ┃ 玉米1根, 牛奶200mL, 纯净水适量。

做法 ┃ 1 将玉米先放入水中煮熟后剥下玉米粒, 按照3汤匙玉米粒和4汤匙水的比例放入榨汁机后榨汁备用。

2 将榨好的玉米汁用纱布过滤, 和牛奶一起倒入煮锅煮沸即可。

营养解析

玉米含丰富膳食纤维, 能降低胆固醇, 预防高血压和冠心病, 玉米含有较多的黄体素及玉米黄素, 可以保护视力。

温馨饮用

相比甜玉米, 用糯玉米做出来的玉米汁口味更浓郁。

菠菜汁

| 疏肝明目+调节气血 |

材料 ┃ 菠菜6片，纯净水适量，蜂蜜适量。

做法 ┃ 1 将菠菜洗净后用开水焯一下，放入榨汁机中并加入纯净水后榨汁备用。

2 将榨好的菠菜汁倒入杯中，加入适量蜂蜜，搅拌均匀后即可饮用。

营养解析

　　菠菜含铁量较高，还含有丰富的维生素C和多种微量元素，具有滋阴润燥、疏肝明目的功效。食用菠菜，有助于清除肝火，滋养肝血，还能够有效地调节气血，促进肝脏排毒，起到疏肝和养血的作用。

温馨饮用

菠菜中含有草酸，草酸会和钙离子结合成不能被人体吸收的化合物，影响钙的吸收，所以榨汁前最好用开水焯一下，以除去其中大部分草酸。

翠玉黄瓜汁

| 清热利水+生津止渴 |

材料 | 小黄瓜2根,纯净水100mL。

做法 |
1 将小黄瓜洗净后切块,放入榨汁机中并加入纯净水后榨汁备用。

2 将榨好的黄瓜汁倒入杯中,可加入适量冰块,即可饮用。

营养解析

　　小黄瓜有清热利水、解毒消肿、生津止渴、恢复皮肤弹性等功效。小黄瓜味道清爽,加入冰块后口感更佳,尤其是炎炎夏日,消暑解渴。

温馨饮用

黄瓜不宜与花生米同食。因黄瓜性寒,而花生米多油脂,性寒食物与油脂相遇,可能导致腹泻。

胡萝卜番茄汁

▌预防近视+润肤护肤▌

材料 │ 胡萝卜1根,番茄1个,柠檬1/4个,纯净水适量,蜂蜜适量。

做法 │ 1 将胡萝卜和番茄洗净后切块,柠檬洗净后去皮切片,一起放入榨汁机中并加入纯净水后榨汁备用。

2 将榨好的胡萝卜番茄柠檬汁倒入杯中,加入适量蜂蜜,搅拌均匀后即可饮用。

营养解析

　　胡萝卜富含的维生素A可保持视力正常,有治疗夜盲症和眼干燥症等功能,同时还有增强人体免疫力,胡萝卜素可清除致人衰老的自由基,所含的维生素B和维生素C等也有润肤、抗衰老的作用。番茄中含有的"番茄红素"具抗氧化功效,可以增强免疫力,抑制细胞老化,调节人体代谢,还有美白护肤功效。

温馨饮用

番茄一定要挑选熟透的,因为未成熟的番茄含生物碱,人食用后可导致中毒。番茄和柠檬味道都较酸,所以可以适量加入白糖或蜂蜜饮用,味道更佳。

番茄西蓝花蜂蜜汁

| 强健身体+补肾健脑 |

材料 西蓝花1瓣,番茄1个,柠檬1/4个,蜂蜜适量,纯净水适量。

做法
1 将西蓝花洗净后用开水焯一下,番茄洗净后去皮切块,柠檬洗净后去皮切片,一起放入榨汁机中并加入纯净水后榨汁备用。

2 将榨好的番茄西蓝花柠檬汁倒入杯中,加入适量蜂蜜,搅拌均匀后即可饮用。

营养解析

　　番茄中含有的"番茄红素"具抗氧化功效,可以增强免疫力,抑制细胞老化,调节人体代谢,还有美白护肤功效。西蓝花性凉味甘,有补肾健脑、补脾胃的功效,能提高人体免疫功能,促进肝脏解毒,增强抗病能力。

温馨饮用

西蓝花中含有丰富的维生素K等营养成分,这些营养成分可能会影响止血药物的效果,其和止血药物一起作用,可能会导致凝血作用过强,增加患心脑血管疾病的风险。

芦笋苦瓜汁 |清热解暑+增强抵抗力|

材料 | 芦笋1/2根,苦瓜1/3根,柠檬1/4个,蜂蜜适量,纯净水适量。

做法 | 1 将芦笋洗净切块,苦瓜去瓤洗净后切块,柠檬洗净后去皮去籽切片,一起放入榨汁机中并加入纯净水后榨汁备用。

2 将榨好的芦笋苦瓜柠檬汁倒入杯中,加入适量蜂蜜,搅拌均匀后即可饮用。

温馨饮用

芦笋味道清淡,苦瓜味较苦涩,所以用柠檬和蜂蜜调味。在日常饮用不仅清凉消暑,还补充营养。

营养解析

芦笋有"蔬菜之王"的美称,具有调节肌体代谢、提高身体免疫力的功效。苦瓜可清热解暑,其中还含有被称为"脂肪杀手"的苦味素,能减少脂肪和多糖的摄取。柠檬富含维生素C,有美白和增强肌体解毒的功能,达到增强抵抗力的作用。

芹菜甜椒汁 |清热解毒+保护视力|

材料 | 芹菜1根,甜椒1个,纯净水适量。

做法 1 将芹菜洗净后切段,甜椒洗净后去蒂去籽并切块,一起放入榨汁机中并加入纯净水后榨汁备用。

2 将榨好的芹菜甜椒汁倒入杯中,搅拌均匀后即可饮用。

营养解析

芹菜含铁量较高,清热解毒,对于皮肤粗糙、肝火旺盛有缓解作用。甜椒富含维生素C,可促进血液循环,预防贫血,保护视力,增强肌体抵抗力。

温馨饮用

芹菜性凉,脾胃虚寒者不宜多食;芹菜还具有降血压作用,低血压患者不宜多食。

胡萝卜芦笋汁 ┃抗衰老+调节代谢┃

材料 ┃ 胡萝卜1/2根,芦笋1/2根,纯净水100mL。

做法 ┃ 1 将胡萝卜和芦笋洗净后去皮并切成块状,一起放入榨汁机中并加入纯净水后榨汁备用。

2 将榨好的胡萝卜芦笋汁倒入杯中,搅拌均匀后即可饮用。

营养解析

　　胡萝卜富含的维生素A可缓解眼睛疲劳,减轻长期看电脑或看书造成的眼干燥症。胡萝卜素可清除致人衰老的自由基,所含的维生素B和维生素C等也有润肤、抗衰老的作用。芦笋具有调节身体代谢、提高身体免疫力的功效。

温馨饮用

酒与胡萝卜不宜同食,胡萝卜素与酒精一同进入人体后会在肝脏中产生毒素,导致肝病;所以二者最好不要同食。

芦笋茄椒汁

材料 | 芦笋1/2根，番茄1个，甜椒1个，纯净水适量。

做法 | 1 将芦笋和番茄洗净后切块，甜椒洗净去蒂去籽后切成小块，一起放入榨汁机中并加入纯净水后榨汁备用。

2 将榨好的芦笋茄椒汁倒入杯中，搅拌均匀后即可饮用。

营养解析

　　芦笋具有调节身体代谢、提高身体免疫力的功效。番茄中含有的"番茄红素"具抗氧化功效，可以抑制细胞老化，调节身体代谢，还有美白护肤功效。甜椒富含维生素C，可促进血液循环，预防贫血，保护视力，增强身体抵抗力。

温馨饮用

甜椒富含一种植物碱，可能导致身体炎症扩散和加重，并且有可能抑制关节的修复。因此，患有关节炎、类风湿性关节炎等相关疾病的人群要适量饮用。

胡萝卜芹菜汁

| 润肤抗老+清热解毒 |

材料　胡萝卜1/2根,芹菜1/4棵,纯净水100mL。

做法

1 将胡萝卜洗净后去皮切块,将芹菜洗净后去根、叶并切段,一起放入榨汁机中并加入纯净水后榨汁备用。

2 将榨好的胡萝卜芹菜汁倒入杯中,即可饮用。

营养解析

　　胡萝卜富含的维生素A可缓解眼睛疲劳,减轻长期看电脑或看书造成的眼干燥症。胡萝卜素可清除致人衰老的自由基,所含的维生素B和维生素C等也有润肤、抗衰老的作用。芹菜性凉味甘辛,有清热解毒、利水消肿的作用,而且芹菜含铁量较高,经常食用芹菜,可有效预防缺铁性贫血。

温馨饮用

芹菜性凉,脾胃虚寒者不宜多食;芹菜还具有降血压作用,低血压患者不宜多食。

高纤蔬菜汁 ┃安神助眠+排毒瘦身┃

材料 ┃ 芹菜1/2根,生菜3片,莴笋1/2个,莲藕2
片,纯净水100mL。

做法 ┃ 1 将芹菜洗净后切段,莴笋和莲藕洗净去皮
后切段,生菜洗净后撕成小瓣,一起放入
榨汁机中并加入纯净水后榨汁备用。

2 将榨好的蔬菜汁倒入杯中,搅拌均匀后即
可饮用。

温馨饮用

莲藕和莴笋性寒,体质虚寒者
不宜多食。

营养解析

　　芹菜可安神醒脑,消除疲劳;生菜有降低胆固醇、缓解神经衰弱等功效;莴笋有通经活
络、安神镇静的作用;莲藕可生津清热,有治疗失眠的功效。芹菜、生菜、莴笋和莲藕都属高
纤维蔬菜,食用不仅能安神助眠,还能促进胃肠蠕动,达到排毒瘦身的功效。

番茄芹菜汁

清热解毒+美白护肤

材料	番茄1个，芹菜1/2根，柠檬1/4个，纯净水适量，蜂蜜适量。
做法	1 将番茄洗净后切块，芹菜洗净后切段，柠檬洗净后去皮切片，一起放入榨汁机中并加入纯净水后榨汁备用。
	2 将榨好的番茄芹菜柠檬汁倒入杯中，加入适量蜂蜜，搅拌均匀后即可饮用。

营养解析

芹菜性凉味甘辛，有清热解毒、利水消肿的作用，而且芹菜含铁量较高，经常食用芹菜，可有效预防缺铁性贫血。番茄中含有的"番茄红素"具抗氧化功效，可以增强免疫力，抑制细胞老化，调节人体代谢，还有美白护肤功效。

温馨饮用

番茄中的膳食纤维和酸性物质可能加重腹泻症状，不利于病情的恢复。腹泻患者在发病期间应避免食用番茄，以免病情加重。

西芹蜂蜜汁 |清肠排毒+镇静安眠|

材料 | 西芹1/2棵, 蜂蜜适量, 纯净水100mL。

做法 | 1 将西芹洗净后切成段放入榨汁机中, 加入纯净水后榨汁备用。

2 将榨好的西芹汁倒入杯中, 加入适量蜂蜜, 搅拌均匀后即可饮用。

温馨饮用

蜂蜜润肠养胃, 可清除体内垃圾, 延缓衰老。

营养解析

西芹蜂蜜汁具有清肠排毒功效, 能吸走肠内的水分和杂质; 还可以帮助人安眠入睡, 起到镇静的作用。

芦笋冬瓜汁 ▎降压抗炎+清热解毒 ▎

材料 ▎ 芦笋1根,冬瓜1/8个,纯净水适量,蜂蜜适量。

做法 ▎ 1 将芦笋洗净后去皮切块,冬瓜去皮切块,一起放入榨汁机中并加入纯净水后榨汁备用。

2 将榨好的芦笋冬瓜汁倒入杯中,加入适量蜂蜜,搅拌均匀后即可饮用。

营养解析

芦笋富含膳食纤维、维生素等营养素,芦笋中的皂角苷,具有清热利尿、降压抗炎作用。冬瓜味甘性寒,有利水消痰、清热解毒的功效。蜂蜜润肠嫩肤,还能起到调味的作用。

温馨饮用

冬瓜属于凉性食物,对于肾脏虚寒的患者来说,食用冬瓜可能会加重症状,引起食欲不振、恶心、腹泻等症状。

西蓝花生菜黄瓜汁 |清肝利胆+润肤抗老|

材料 | 西蓝花1/3棵,生菜4片,小黄瓜2根,纯净水100mL。

做法 |
1 将西蓝花、生菜洗净后撕成小块,黄瓜洗净后切块,一起放入榨汁机中并加入纯净水后榨汁备用。

2 将榨好的西蓝花生菜黄瓜汁倒入杯中,搅拌均匀后即可饮用。

温馨饮用

清洗西蓝花之前可先用盐水浸泡,可去除农药和虫,再撕成小块后榨汁。

营养解析

西蓝花含有丰富的维生素C,能增强肝脏的解毒能力,提高机体免疫力。生菜含大量膳食纤维和维生素C,可促进消化,有清肝利胆的功效。黄瓜富含维生素E和黄瓜酶,有润肤、抗衰老和细致毛孔的作用。

胡萝卜番茄甜椒汁

| 增强免疫力+保护视力 |

材料 | 胡萝卜1/2根,番茄1个,甜椒1个,蜂蜜适量,纯净水适量。

做法 |
1 将胡萝卜和番茄洗净后切块,甜椒洗净后去籽切块,一起放入榨汁机中并加入纯净水后榨汁备用。

2 将榨好的胡萝卜番茄甜椒汁倒入杯中,加入适量蜂蜜,搅拌均匀后即可饮用。

营养解析

　　胡萝卜富含的维生素A可缓解眼睛疲劳,减轻长期看电脑或看书造成的眼干燥症。胡萝卜素可清除致人衰老的自由基,所含的维生素B和维生素C等也有润肤、抗衰老的作用。番茄中含有的"番茄红素"具抗氧化功效,可以增强免疫力,抑制细胞老化,调节人体代谢,还有美白护肤功效。甜椒富含维生素C,可促进血液循环,预防贫血,保护视力,增强机体抵抗力。

温馨饮用

对番茄过敏的人不要饮用,饮用后可能会出现如皮肤瘙痒、红肿、呼吸困难等症状。

葡萄生菜梨汁 |清肝利胆+补气血|

材料 | 葡萄10颗，生菜2片，梨1个，柠檬1/4个。

做法 | 1 将生菜洗净后撕成小块，梨洗净后去皮去核，柠檬去皮，葡萄洗净，一起放入榨汁机中榨汁备用。

2 将榨好的葡萄生菜梨汁倒入杯中，搅拌均匀后即可饮用。

营养解析

葡萄有补气血、生津利水的功效。生菜含大量膳食纤维和维生素C，可促进消化，有清肝利胆的功效。梨有润肺消痰、清热解毒等功效。

温馨饮用

患有胃溃疡的人群不宜食用，因为生菜富含草酸，过多食用草酸对于胃溃疡患者来说容易引起胃肠道刺激，导致病情加重。

菠萝芹菜汁

消食止泻+清热解毒

材料 菠萝1/2个, 芹菜1/2根, 蜂蜜适量。

做法 1 将菠萝去皮在盐水中浸泡半小时后拿出切块, 芹菜洗净后切段, 一起放入榨汁机中榨汁备用。

2 将榨好的菠萝芹菜汁倒入杯中, 加入适量蜂蜜, 搅拌均匀后即可饮用。

营养解析

　　菠萝味甘性温, 具有解暑止渴、消食止泻的功效, 不仅可以减肥, 还能帮助消化。芹菜性凉味甘辛, 有清热除烦、利水消肿的作用, 而且芹菜含铁量较高, 经常食用芹菜, 可有效预防缺铁性贫血。

温馨饮用

菠萝中糖分和酸性物质较高, 应适量食用, 特别是糖尿病人或胃酸过多的人应注意控制摄入量。

洋葱苹果汁

| 促进消化+生津止渴 |

材料 洋葱1/4个，苹果1个，纯净水100mL。

做法
1 洋葱去皮后切块，在微波炉中加热30秒(使其变软)，苹果洗净后去皮去核并切块，一起放入榨汁机中并加入纯净水后榨汁备用。
2 将榨好的洋葱苹果汁倒入杯中，搅拌均匀后即可饮用。

营养解析

　　洋葱富含钾、维生素C、硒等营养素，它可帮助人们维护心血管健康，刺激食欲、促进消化，调节身体的代谢能力。苹果性凉，微酸，可以起到开胃润肺、生津止渴、消除烦躁等作用。

温馨饮用

如果没有微波炉，可以直接用生洋葱榨汁，但味道会比较刺鼻。

芹菜芦笋柠檬汁 |清热除烦+降压抗炎|

材料 | 芹菜1/2棵,芦笋1/2棵,柠檬1/2个。

做法 | 1 将柠檬洗净后去皮,芹菜和芦笋洗净后切段,一起放入榨汁机中榨汁备用。

2 将榨好的果蔬汁倒入杯中,搅拌均匀后即可饮用。

营养解析

芹菜性凉味甘辛,有清热除烦、利水消肿的作用,而且芹菜含铁量较高,经常食用芹菜,可有效预防缺铁性贫血。芦笋富含膳食纤维、维生素等,芦笋中的皂角苷,具有清热利尿、降压抗炎作用。柠檬富含维生素C,有美白和增强肌体解毒的功能,达到增强抵抗力的作用。

温馨饮用

芦笋中的嘌呤含量比较高,痛风患者食用芦笋后可能会影响尿酸的排出,加重痛风的症状。因此痛风患者应该限制芦笋的摄入量。

苹果草莓蔬菜汁 |美白淡斑+抗氧化|

材料 | 苹果1个, 草莓10颗, 番茄1个, 生菜4片。

做法 | 1 将苹果洗净后去皮去核切块, 番茄洗净后切块, 生菜洗净并撕成小瓣, 草莓洗净去蒂, 一起放入榨汁机中榨汁备用。

2 将榨好的苹果草莓蔬菜汁倒入杯中, 搅拌均匀后即可饮用。

营养解析

苹果草莓蔬菜汁可助消化、健脾胃, 有排毒养颜、安神助眠的功效, 还有紧致肌肤、美白淡斑的作用。番茄中含有的"番茄红素"具抗氧化功效, 可以增强免疫力, 抑制细胞老化, 调节人体代谢, 还有美白护肤功效。

温馨饮用

草莓属于凉性, 过量食用可能会导致肠胃功能紊乱, 出现腹痛、腹泻等症状。而且草莓中果酸含量高, 过量食用可能会对牙齿造成损伤。

冬瓜苹果蜂蜜汁 | 健脾益胃+抗衰老 |

材料 | 冬瓜1/8个,苹果1个,纯净水适量,蜂蜜适量。

做法 | 1 将冬瓜去皮后切块,苹果洗净后去皮去核切块,一起放入榨汁机中并加入纯净水后榨汁备用。

2 将榨好的冬瓜苹果汁倒入杯中,加入适量蜂蜜,搅拌均匀后即可饮用。

温馨饮用

冬瓜性寒,故久病的人与阴虚火旺者应忌食。

营养解析

冬瓜味甘性寒,有利水消痰、清热解毒的功效。苹果具有生津止渴、润肺除烦、健脾益胃、养心益气等功效。此饮品能使皮肤光洁嫩白,还有抗衰老的作用。

葡萄胡萝卜汁

生津利水+润肤抗老

材料 | 葡萄10颗,胡萝卜1根,蜂蜜适量,纯净水适量。

做法
1 将葡萄洗净,胡萝卜洗净后切块,一起放入榨汁机中并加入纯净水后榨汁备用。

2 将榨好的葡萄胡萝卜汁倒入杯中,加入适量蜂蜜,搅拌均匀后即可饮用。

营养解析

葡萄有补气血、生津利水的功效。胡萝卜是蔬菜中的补血佳品。胡萝卜富含的维生素A可缓解眼睛疲劳,减轻长期看电脑或看书造成的眼干燥症。胡萝卜素可清除致人衰老的自由基,所含的维生素B和维生素C等也有润肤、抗衰老的作用。

温馨饮用

葡萄和牛奶不能同食,因为葡萄里含有果酸,会使牛奶中的蛋白质凝固,不仅影响营养的吸收,严重时会出现腹胀、腹痛、腹泻等症状。

苹果菠菜汁

健脾益胃+抗衰老

材料 | 苹果1个，菠菜4片，柠檬1/4个，纯净水适量，蜂蜜适量。

做法 | 1 将苹果洗净后去皮去核并切块，菠菜洗净后用开水焯一下，柠檬洗净后去皮切片，一起放入榨汁机中并加入纯净水后榨汁备用。

2 将榨好的苹果菠菜汁倒入杯中，加入适量蜂蜜，搅拌均匀后即可饮用。

营养解析

　　苹果具有生津止渴、润肺除烦、健脾益胃、养心益气等功效。菠菜含铁量较高，其中含有大量的抗氧化剂，能清除体内的自由基，增强细胞的活力和代谢能力，具有抗衰老的功效。

温馨饮用

菠菜中含有草酸，草酸会和钙离子结合成不能被人体吸收的化合物，影响钙的吸收，所以榨汁前最好用开水焯一下，以除去其中大部分草酸。

西瓜小黄瓜汁 |解毒消肿+降压利尿|

材料 | 小黄瓜2根,西瓜1/4个。

做法 | 1 将黄瓜洗净后切块,西瓜去皮去籽切块,一起放入榨汁机中榨汁备用。

2 将榨好的黄瓜西瓜汁倒入杯中,搅拌均匀后即可饮用。

营养解析

　　黄瓜能清热利水、解毒消肿、生津止渴,还有减肥、安神的功效。西瓜可清热解暑,还有降压利尿的作用。

温馨饮用

黄瓜和西瓜口味清爽,适宜在夏天食用。但黄瓜和西瓜均性凉,体质虚弱、月经过多者,消化不良的慢性胃炎者,年老体迈者,皆不宜多食。

荔枝番茄汁

补脾益肝+调节代谢

材料 荔枝10颗,番茄1个。

做法 1 将番茄洗净后切块,荔枝去皮去核,一起放入榨汁机中榨汁备用。

2 将榨好的荔枝番茄汁倒入杯中,搅拌均匀后即可饮用。

营养解析

　　荔枝味甘,具有补脾益肝、理气补血、温中止痛、补心安神的功效。其含丰富的维生素C和蛋白质,有助于增强机体免疫力。番茄中含有的"番茄红素"具有抗氧化功效,可以增强机体免疫力,抑制细胞老化,调节人体代谢,还有美白护肤功效。

温馨饮用

荔枝性热,多食易上火。过多食用荔枝会出现口腔溃疡、口腔黏膜发炎、流血等上火症状。患有慢性扁桃体炎和咽喉炎的人,多吃荔枝会加重虚火。

圆白菜草莓汁

|润肺生津+利尿消肿|

材料 | 圆白菜4片,草莓10颗,纯净水适量,蜂蜜适量。

做法 | 1 将圆白菜洗净后撕成小片,草莓洗净后去蒂,一起放入榨汁机中并加入纯净水后榨汁备用。

2 将榨好的圆白菜草莓汁倒入杯中,加入适量蜂蜜,搅拌均匀后即可饮用。

营养解析

草莓有润肺生津、健脾和胃、利尿消肿、解热祛暑的功效,其中丰富的维生素C还可以预防坏血病、高血压和高血脂等疾病。草莓中含有的果胶及纤维素可促进胃肠蠕动,防止便秘。圆白菜有抗氧化、抗衰老、提高人体免疫力等功效。

温馨饮用

圆白菜中含有大量粗纤维,这种粗纤维难以消化,容易加重肠胃负担,所以对于脾胃虚寒的人来说,不宜过多食用。

葡萄柚西芹汁 |降压健胃+美白润肤|

材料 | 葡萄柚1/2个,西芹1/2棵。

做法

1 将葡萄柚洗净后去皮去籽,西芹洗净后切段与葡萄柚一起放入榨汁机中榨汁备用。

2 将榨好的葡萄柚西芹汁倒入杯中,搅拌均匀后即可饮用。

温馨饮用

葡萄柚味道偏酸涩、苦,可以适放些白糖或者蜂蜜再饮用,还可冰冻后饮用,口感更佳。

营养解析

西芹营养丰富,具有降血压、镇静、健胃、利尿等疗效;葡萄柚中富含天然维生素P和维生素C以及可溶性纤维素。维生素P可以增强皮肤及毛孔的代谢功能,维生素C可美白、可增强机体的解毒功能,达到增强抵抗力的作用。

草莓芹菜杧果汁 |健脾和胃+清肠润肤|

材料 | 草莓10颗, 芹菜1/2根, 杧果1个, 纯净水100mL。

做法 | 1 草莓洗净后去蒂, 芹菜洗净后切段, 杧果洗净后去皮去核留下果肉, 一起放入榨汁机中并加入纯净水后榨汁备用。

2 将榨好的草莓芹菜杧果汁倒入杯中, 搅拌均匀后即可饮用。

温馨饮用

杧果热较高, 多食易上火, 所以每天吃杧果不要超过200g。

营养解析

　　草莓有润肺生津、健脾和胃、利尿消肿、解热去暑的功效, 其中丰富的维生素C还可以预防坏血病、高血压和高血脂等疾病。草莓中含有的果胶及纤维素可促进胃肠蠕动, 防止便秘。芹菜含铁量较高, 清热解毒, 对于皮肤粗糙、肝火旺盛有缓解作用。杧果中含有大量的维生素, 常吃可滋润肌肤, 杧果纤维含量较高, 可促进肠胃蠕动, 有清肠的功效。

芹菜菠萝汁

| 清热解毒+消食止泻 |

材料 | 芹菜1/2棵，菠萝1/2个。

做法

1 将菠萝去皮后在盐水中浸泡半个小时，拿出切成块状，芹菜洗净切成段，一起放入榨汁机中榨汁备用。

2 将榨好的芹菜菠萝汁倒入杯中，搅拌均匀后即可饮用。

营养解析

　　芹菜性凉味甘辛，有清热解毒、利水消肿的作用，而且芹菜含铁量较高，经常食用芹菜，可有效预防缺铁性贫血。菠萝味甘性温，具有解暑止渴、消食止泻的功效，不仅可以减肥，还能帮助消化。

温馨饮用

菠萝中的溶蛋白酶可能影响某些药物的吸收和效果，正在服用抗凝血药物的人要注意摄入。

柠檬生菜芦笋汁 | 增强免疫力+加速代谢 |

材料 | 生菜4片，芦笋1/2根，柠檬1/4个，纯净水适量。

做法 | 1 生菜洗净后撕成小瓣，芦笋和柠檬洗净后去皮切块，一起放入榨汁机中并加入纯净水后榨汁备用。

2 将榨好的柠檬生菜芦笋汁倒入杯中，搅拌均匀后即可饮用。

营养解析

　　生菜含大量膳食纤维和维生素C，可促进消化，有清肝利胆的功效。芦笋有"蔬菜之王"的美称，具有调节机体代谢、提高身体免疫力的功效。柠檬富含维生素C，可加速新陈代谢，增强人体抵抗力。

温馨饮用

清洗生菜的时候要仔细，以免有残留农药。生菜性寒，尿频、胃寒者应少食用。

圆生菜柠檬汁 |减脂降压+美白|

材料 | 圆生菜4片,柠檬1/4个,纯净水 100mL。

做法 | 1 将圆生菜洗净后撕成小块,柠檬洗净后
去皮去籽,一起放入榨汁机中并加入纯
净水后榨汁备用。

2 将榨好的圆生菜柠檬汁倒入杯中,搅拌
均匀后即可饮用。

温馨饮用

圆生菜最好在盐水中浸泡后洗净,
可除去叶片上残留的农药。

营养解析

　　圆生菜中含有丰富的膳食纤维和维生素C,可消除多余脂肪,促进血液循环。生菜中含有
的莴苣素和甘露醇能降低人体血液中的胆固醇含量,扩张血管,改善血液循环,是高血压患者
的食疗佳品。柠檬含大量维生素C,可促进皮肤代谢,有美白等功效。

圆白菜火龙果汁 | 抗氧化+抗衰老 |

材料 │ 圆白菜4片,火龙果1个,纯净水 100mL。

做法 │
1 将圆白菜洗净后撕成小片,火龙果去皮切块,一起放入榨汁机中并加入纯净水后榨汁备用。

2 将榨好的圆白菜火龙果汁倒入杯中,搅拌均匀后即可饮用。

营养解析

圆白菜有抗氧化、抗衰老、提高人体免疫力等功效。火龙果含丰富的花青素具有抗氧化、抗自由基、抗衰老的作用,还能抑制痴呆症的发生。同时,火龙果富含大量维生素C,有美白皮肤和减肥作用。

温馨饮用

火龙果中含有一定量的糖分,特别是葡萄糖,易于吸收,可能会导致血糖上升,因此糖尿病患者不宜过多食用。

黄瓜胡萝卜柠檬汁

| 润肤抗老+预防近视 |

材料 | 小黄瓜2根,胡萝卜1根,柠檬1/4个,纯净水100mL。

做法 | 1 小黄瓜洗净后切块,胡萝卜洗净后去皮切块,柠檬洗净后去皮去籽,一起放入榨汁机中并加入纯净水后榨汁备用。

2 好的黄瓜胡萝卜柠檬汁倒入杯中,搅拌均匀后即可饮用。

营养解析

　　黄瓜富含维生素E和黄瓜酶,有润肤、抗衰老和细致毛孔的作用。胡萝卜富含的维生素A可保持视力正常,有治疗夜盲症和眼干燥症等功能,同时还有增强人体免疫力的作用,胡萝卜素可清除致人衰老的自由基,所含的维生素B和维生素C等也有润肤、抗衰老的作用。柠檬富含维生素C,可美白,加速皮肤新陈代谢。

温馨饮用

黄瓜不宜与花生米同食。因黄瓜性寒,而花生米多油脂,性寒食物与油脂相遇,可能导致腹泻。

西芹葡萄生菜汁 ▎降压健胃+生津利水▎

材料 ▎ 西芹1/2棵,生菜叶6片,葡萄15颗,纯净水100mL。

做法 ▎ 1 将西芹洗净后切段,葡萄和生菜叶洗净,一同放入榨汁机中并加入纯净水后榨汁备用。

2 将榨好的西芹葡萄生菜汁倒入杯中,搅拌均匀后即可饮用。

温馨饮用

葡萄含糖量较高,糖尿病患者不宜多食。

营养解析

西芹营养丰富,具有降血压、镇静、健胃、利尿等疗效。葡萄有补气血、生津利水的功效。生菜含大量膳食纤维和维生素C,可促进消化,有清肝利胆的功效。

苹果油菜汁 |健脾益胃+加速代谢|

材料 | 苹果1个, 油菜2棵, 柠檬1/4个。

做法 | 1 苹果和柠檬洗净后去皮去核并切块, 油菜洗净, 一起放入榨汁机中榨汁备用。

2 将榨好的苹果油菜柠檬汁倒入杯中, 搅拌均匀后即可饮用。

营养解析

　　苹果具有生津止渴、润肺除烦、健脾益胃、养心益气等功效。油菜营养成分丰富, 含有大量的维生素及钙质。柠檬富含大量维生素C, 可加速身体新陈代谢, 排出身体毒素。

温馨饮用

油菜味道清爽, 柠檬味道较为酸涩, 可以加入适量白糖或蜂蜜调味, 口感更佳。

青蓝